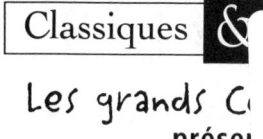
Classiques &

Les grands C
prései

CW01512967

Bernard Werber
présente
20 récits d'anticipation
et de science-fiction

Progrès et rêves scientifiques

Notes, questions et après-texte établis par
STÉPHANE MALTÈRE
professeur de Lettres

MAGNARD

Sommaire

Après-texte

Pour comprendre

Le futur, c'est maintenant

La science-fiction est le genre littéraire le plus riche et le plus original, car il n'a pas de limite dans le temps et dans l'espace.

La science-fiction n'est même pas restreinte par les limites du connu ou du réel. Elle peut parler des hommes préhistoriques comme des villes du futur, elle peut parler des mondes parallèles, des peuples extraterrestres, de Dieu, de la mort, de la folie, de la politique, de l'écologie. En fait, la science-fiction est le genre littéraire qui, plus qu'aucun autre, aborde les trois questions essentielles : d'où venons-nous ? Qui sommes-nous ? Où allons-nous ?

Mais là où les autres genres sont limités dans le temps et dans l'espace pour garder l'exigence de vraisemblance, la science-fiction invente ses propres règles.

Ici, tout est permis et la seule limite est l'imagination de l'auteur.

J'ai découvert la science-fiction à l'âge de 7 ans par le biais des nouvelles d'Edgar Allan Poe, et tout spécialement par le recueil *Histoires extraordinaires*. Ensuite, j'ai découvert Jules Verne, et à partir de là, je suis devenu grand lecteur d'ouvrages de ce genre particulier.

La science-fiction vous permet ce que le réel ne peut pas encore : explorer des planètes lointaines, retrouver votre propre grand-père ou rencontrer vos futurs petits-enfants et leur parler !

Précisément parce qu'il s'agit d'une littérature de totale évasion, on a soupçonné les auteurs d'abuser de leur liberté et de « délirer », mais la science-fiction de qualité, loin d'être un simple divertissement, peut être une vraie leçon de science, de politique ou de philosophie.

Ainsi, *Le Meilleur des mondes* d'Aldous Huxley a servi d'argument pour ralentir les expériences faites sur le clonage humain et, à chaque débat d'éthique sur la procréation, les politiciens et les savants font référence à ce roman précis pour montrer les dangers d'une science non maîtrisée.

Le roman *1984* de George Orwell a, de même, servi de référence dans les débats sur le contrôle des libertés individuelles (notamment sur l'installation de caméras vidéo, de systèmes de fichiers et de lois policières).

En fait, la science-fiction ne se contente pas d'imaginer ou de « délirer » ; par sa capacité de prospective, elle peut réellement permettre aux scientifiques d'avancer. *Vingt mille lieues sous les mers*, écrit en 1870 par Jules Verne, servit ainsi d'exemple pour l'exploration sous-marine qui, à l'époque, n'était encore qu'expérimentale. De même, son roman *De la Terre à la Lune*, écrit en 1905, a servi de référence pour trouver des financements aux premiers projets d'envoi de l'homme sur la Lune qui aboutiront en… 1969 !

Un pays qui n'a pas de littérature de science-fiction (et qui ne fait que parler du passé dans ses romans historiques ou du présent dans ses romans réalistes) n'a pas d'avenir.

Comment peut-on produire des générations de scientifiques et de visionnaires si on ne leur a pas offert, dans leur jeunesse, des histoires qui ouvrent les voies de l'imaginaire ?

Tout ce qui nous est arrivé de bien actuellement a forcément été imaginé par quelqu'un du passé. Tout ce qui arrivera de bien à nos enfants est probablement en train d'être imaginé et décrit maintenant par un auteur de science-fiction, qui va inspirer lui-même des expériences scientifiques.

En 1991, j'ai décrit, dans *Les Fourmis*, une machine qui pouvait transformer les odeurs émises par les antennes de ces insectes (phéromones) en mots compréhensibles par les humains. Dix ans plus tard, cette expérience a été réalisée par des chercheurs. Dans *Le Père de nos pères*, j'imaginais un possible ancêtre commun entre les hommes et les porcs qui serait le « chaînon manquant » ; là encore, des scientifiques ont trouvé quinze ans plus tard un « lien » entre nos deux espèces.

Avant d'être auteur de science-fiction, j'ai été journaliste scientifique et j'ai fréquenté les laboratoires et les scientifiques. Pour moi, le travail de romancier n'est qu'une prolongation du travail de diffusion de la connaissance par les articles. J'ai rédigé un dossier sur les N.D.E. (*near death experiences*) en 1986 qui m'a permis d'accumuler des témoignages, mais aussi de rencontrer les scientifiques qui accompagnent les gens au seuil de leur mort et, en 1993, j'en ai fait un roman, *Les Thanatonautes* (mot inventé à partir des racines *Thanatos*, le dieu grec de la mort, et *nautis*, l'explorateur). Cette fois-ci, j'allais un peu plus loin que la science, puisque, pour moi, la prochaine frontière que l'homme devait affronter n'était plus l'espace ou les mondes sous-marins, mais le continent des morts d'où personne, pour l'instant, n'est scientifiquement revenu.

Dans *L'Ultime Secret*, quelques années plus tard, j'utilisais une découverte peu connue d'un point précis du cerveau qui conditionne tous nos comportements, le M.F.B. (pour *median forebrain bundle*), pour montrer les dérives que pourrait entraîner la maîtrise de ce centre du plaisir.

Après les grands auteurs classiques, et notamment le choc qu'a été la lecture de *La Planète des singes* de Pierre Boulle, mon initiation à la science-fiction s'est faite par trois auteurs américains.

Le premier écrivain, Isaac Asimov, m'a fait découvrir, avec le *Cycle de Fondation* (7 volumes), le futur le plus probable de toute l'humanité dans les prochains millénaires. Sa vision des cycles et des crises politiques comme phénomènes pouvant être analysés scientifiquement était vraiment novatrice et m'a donné une sorte de grille de lecture globale de la politique de l'humanité, différente de tout ce que proposent les politiciens actuels, coincés dans des systèmes anciens sclérosés, à vision souvent uniquement nationale.

Le second, Frank Herbert, avec son cycle de *Dune* (5 volumes), m'a ouvert à la spiritualité et au danger des religions. Sa vision d'une planète sur laquelle l'eau est la denrée la plus rare et la plus précieuse donne une conscience de l'écologie moderne.

Le troisième auteur, Philip K. Dick, avec ses romans *Ubik* ou *Les androïdes rêvent-ils de moutons électriques ?*, m'a ouvert à des questionnements qui ne m'avaient pas traversé l'esprit, comme « Qu'est-ce qu'un homme ? », mais aussi « Qu'est-ce que le réel ? » ou encore « De quoi suis-je vraiment sûr ? »

C'est le grand pouvoir de la littérature de science-fiction : non seulement elle ouvre des fenêtres dans la tête des lecteurs, mais elle leur inspire des idées qui peuvent réellement changer le monde.

Bernard Werber

Bernard Werber
présente

20 récits d'anticipation
et de science-fiction

Progrès et rêves scientifiques

Anticipations

JULES VERNE (1828-1905)

« Au XXIXᵉ siècle – La journée d'un journaliste américain en 2889 » [1889], *Hier et demain*, 1910.

Jules Verne apparaît comme l'un des inventeurs de la science-fiction. Le maître de l'anticipation scientifique – Voyage au centre de la Terre, De la Terre à la Lune, Vingt mille lieues sous les mers, *etc. – propose ici une nouvelle, initialement parue en 1889 dans une revue américaine, qui montre une société du futur innovante autant qu'étonnante.*

Les hommes de ce XXIXᵉ siècle vivent au milieu d'une féerie continuelle, sans avoir l'air de s'en douter. Blasés[1] sur les merveilles, ils restent froids devant celles que le progrès leur apporte chaque jour. Tout leur semble naturel. S'ils la comparaient au passé, ils apprécieraient mieux
5 notre civilisation, et ils se rendraient compte du chemin parcouru. Combien leur apparaîtraient plus admirables nos cités modernes aux voies larges de cent mètres, aux maisons hautes de trois cents, à la température toujours égale, au ciel sillonné par des milliers d'aéro-cars et d'aéro-omnibus ! Auprès de ces villes, dont la population atteint parfois
10 jusqu'à dix millions d'habitants, qu'étaient ces villages, ces hameaux d'il y a mille ans, ces Paris, ces Londres, ces Berlin, ces New York, bourgades mal aérées et boueuses, où circulaient des caisses cahotantes, traînées par des chevaux, – oui ! des chevaux ! c'est à ne pas le croire ! S'ils se représentaient le défectueux fonctionnement des paquebots et

---

1. Indifférents par lassitude ou habitude.

15 des chemins de fer, leurs collisions fréquentes, leur lenteur aussi, quel
prix les voyageurs n'attacheraient-ils pas aux aéro-trains, et surtout à ces
tubes pneumatiques[1], jetés à travers les océans, et dans lesquels on les
transporte avec une vitesse de quinze cents kilomètres à l'heure ? Enfin
ne jouirait-on pas mieux du téléphone et du téléphote, en se disant que
20 nos pères en étaient réduits à cet appareil antédiluvien[2] qu'ils appelaient
le « télégraphe » ?

Chose étrange ! Ces surprenantes transformations reposent sur des
principes parfaitement connus de nos aïeux, qui n'en tiraient, pour ainsi
dire, aucun parti. En effet, la chaleur, la vapeur, l'électricité, sont aussi
25 vieilles que l'homme. À la fin du XIXᵉ siècle, les savants n'affirmaient-ils
pas déjà que la seule différence entre les forces physiques et chimiques
réside dans un mode de vibration, propre à chacune d'elles, des parti-
cules éthériques[3] ?

Puisqu'on avait fait ce pas énorme de reconnaître la parenté de
30 toutes ces forces, il est vraiment inconcevable qu'il ait fallu un temps
si long pour arriver à déterminer chacun des modes de vibration qui
les différencient. Il est extraordinaire, surtout, que le moyen de passer
directement de l'un à l'autre et de les produire les uns sans les autres ait
été découvert tout récemment.

35 C'est cependant ainsi que les choses se sont passées, et c'est seulement
en 2790, il y a cent ans, que le célèbre Oswald Nyer y est parvenu.

Un véritable bienfaiteur de l'humanité, ce grand homme ! Sa trou-
vaille de génie fut la mère de toutes les autres ! Une pléiade[4] d'inventeurs

---

1. Capsules propulsées par air comprimé.
2. Vieux comme s'il datait d'avant le déluge.
3. Liées à l'éther.
4. Un groupe, à l'origine de sept membres, en référence aux sept filles d'Atlas dans la mythologie grecque.

en naquit, aboutissant à notre extraordinaire James Jackson. C'est à ce
40 dernier que nous devons les nouveaux accumulateurs qui condensent,
les uns la force contenue dans les rayons solaires, les autres l'électricité
emmagasinée au sein de notre globe, ceux-là, enfin, l'énergie provenant
d'une source quelconque, chutes d'eau, vents, rivières et fleuves, etc.
C'est de lui que nous vient également le transformateur qui, obéissant à
45 l'ordre d'une simple manette, puise la force vive dans les accumulateurs
et la rend à l'espace, sous forme de chaleur, de lumière, d'électricité, de
puissance mécanique, après en avoir obtenu le travail désiré.

Oui ! c'est du jour où ces deux instruments furent imaginés que
date véritablement le progrès. Ils ont donné à l'homme une puis-
50 sance à peu près infinie. Leurs applications ne se comptent plus. En
atténuant les rigueurs de l'hiver par la restitution du trop-plein des
chaleurs estivales, ils ont révolutionné l'agriculture. En fournissant la
force motrice aux appareils de navigation aérienne, ils ont permis au
commerce de prendre un magnifique essor. C'est à eux que l'on doit la
55 production incessante de l'électricité sans piles ni machines, la lumière
sans combustion ni incandescence, et enfin cette intarissable source
d'énergie, qui a centuplé la production industrielle.

**

Eh bien ! l'ensemble de ces merveilles, nous allons le rencontrer dans
un hôtel incomparable, – l'hôtel du *Earth Herald*, récemment inauguré
60 dans la 16823e avenue.

Si le fondateur du *New York Herald*, Gordon Benett, renaissait
aujourd'hui, que dirait-il, en voyant ce palais de marbre et d'or, qui
appartient à son illustre petit-fils, Francis Benett ? Trente générations
se sont succédé, et le *New York Herald* s'est maintenu dans cette famille
65 des Benett. Il y a deux cents ans, lorsque le gouvernement de l'Union

fut transféré de Washington à Centropolis, le journal suivit le gouvernement, – à moins que ce ne soit le gouvernement qui ait suivi le journal,
– et il prit pour titre : *Earth Herald*.

Et que l'on ne s'imagine pas qu'il ait périclité[1] sous l'administration
70 de Francis Benett. Non ! Son nouveau directeur allait au contraire lui
inculquer[2] une puissance et une vitalité sans égales, en inaugurant le
journalisme téléphonique.

On connaît ce système, rendu pratique par l'incroyable diffusion du
téléphone. Chaque matin, au lieu d'être imprimé comme dans les temps
75 antiques, le *Earth Herald* est « parlé ». C'est dans une rapide conversation
avec un reporter, un homme politique ou un savant, que les abonnés
apprennent ce qui peut les intéresser. Quant aux acheteurs au numéro, on le
sait, pour quelques cents, ils prennent connaissance de l'exemplaire du jour
dans d'innombrables cabinets phonographiques.

80 Cette innovation de Francis Benett galvanisa[3] le vieux journal. En
quelques mois, sa clientèle se chiffra par quatre-vingt-cinq millions
d'abonnés, et la fortune du directeur s'éleva progressivement à trente
milliards, de beaucoup dépassés aujourd'hui. Grâce à cette fortune,
Francis Benett a pu bâtir son nouvel hôtel, – colossale construction à
85 quatre façades, mesurant chacune trois kilomètres, et dont le toit s'abrite
sous le glorieux pavillon soixante-quinze fois étoilé de la Confédération.

À cette heure, Francis Benett, roi des journalistes, serait le roi des
deux Amériques, si les Américains pouvaient jamais accepter un souverain quelconque. Vous en doutez ? Mais les plénipotentiaires[4] de toutes

---

1. Qu'il ait décliné, qu'il soit allé à la ruine.
2. Donner.
3. Vivifia, anima.
4. Les ambassadeurs, les diplomates.

90 les nations et nos ministres eux-mêmes se pressent à sa porte, mendiant ses conseils, quêtant son approbation, implorant l'appui de son tout-puissant organe[1]. Comptez les savants qu'il encourage, les artistes qu'il entretient, les inventeurs qu'il subventionne ! Royauté fatigante que la sienne, travail sans repos, et, bien certainement, un homme d'autrefois 95 n'aurait pu résister à un tel labeur quotidien. Très heureusement, les hommes d'aujourd'hui sont de constitution plus robuste, grâce aux progrès de l'hygiène et de la gymnastique, qui de trente-sept ans ont fait monter à soixante-huit la moyenne de la vie humaine, – grâce aussi à la préparation des aliments aseptiques[2], en attendant la prochaine décou-100 verte de l'air nutritif, qui permettra de se nourrir... rien qu'en respirant.

Et maintenant, s'il vous plaît de connaître tout ce que comporte la journée d'un directeur du *Earth Herald*, prenez la peine de le suivre dans ses multiples occupations, – aujourd'hui même, ce 25 juillet de la présente année 2889.

***

105 Francis Benett, ce matin-là, s'est réveillé d'assez maussade[3] humeur. Voilà huit jours que sa femme est en France et il se trouve un peu seul. Le croirait-on ? Depuis dix ans qu'ils sont mariés, c'était la première fois que Mrs. Edith Benett, la *professional beauty*, faisait une si longue absence. D'ordinaire, deux ou trois jours suffisent à ses fréquents 110 voyages en Europe, et plus particulièrement à Paris, où elle va acheter ses chapeaux.

Dès son réveil, Francis Benett mit donc en action son phonotéléphote, dont les fils aboutissent à l'hôtel qu'il possède aux Champs-Élysées.

---

1. Journal, publication périodique.
2. Sans microbes, aseptisés.
3. Sombre, morose.

Le téléphone, complété par le téléphote, encore une conquête de
115 notre époque ! Si la transmission de la parole par les courants électriques est déjà fort ancienne, c'est d'hier seulement qu'on peut aussi
transmettre l'image. Précieuse découverte, dont Francis Benett ne fut
pas le dernier à bénir l'inventeur, lorsqu'il aperçut sa femme, reproduite
dans un miroir téléphotique, malgré l'énorme distance qui l'en séparait.
120   Douce vision ! Un peu fatiguée du bal ou du théâtre de la veille, Mrs.
Benett est encore au lit. Bien qu'il soit près de midi là-bas, elle dort, sa
tête charmante enfouie dans les dentelles de l'oreiller.

Mais la voilà qui s'agite… ses lèvres tremblent… Elle rêve sans
doute ?… Oui ! elle rêve… Un nom s'échappe de sa bouche :
125 « Francis… mon cher Francis !… »

Son nom, prononcé par cette douce voix, a donné à l'humeur de Francis
Benett un tour plus heureux. Ne voulant pas réveiller la jolie dormeuse,
il saute rapidement hors du lit et pénètre dans son habilleuse mécanique.

Deux minutes après, sans qu'il eût recours à l'aide d'un valet de chambre,
130 la machine le déposait, lavé, coiffé, chaussé, vêtu et boutonné du haut en bas,
sur le seuil de ses bureaux. La tournée quotidienne allait commencer.

Ce fut dans la salle des romanciers-feuilletonistes que Francis pénétra
tout d'abord.

Très vaste, cette salle, surmontée d'une large coupole translucide.
135 Dans un coin, divers appareils téléphoniques par lesquels les cent littéra-
teurs du *Earth Herald* racontent cent chapitres de cent romans au public
enfiévré[1].

Avisant un des feuilletonistes qui prenait cinq minutes de repos :

« Très bien, mon cher, lui dit Francis Benett, très bien, votre der-
140 nier chapitre ! La scène où la jeune villageoise aborde avec son galant

---

1. Enthousiaste.

quelques problèmes de philosophie transcendante[1] est d'une très fine observation. On n'a jamais mieux peint les mœurs champêtres[2] ! Continuez, mon cher Archibald, bon courage ! Dix mille abonnés nouveaux depuis hier, grâce à vous !

145 – Mr. John Last, reprit-il en se tournant vers un autre de ses collaborateurs, je suis moins satisfait de vous ! Ça n'est pas vécu, votre roman ! Vous courez trop vite au but ! Eh bien ! et les procédés documentaires ? Il faut disséquer, John Last, il faut disséquer ! Ce n'est pas avec une plume qu'on écrit de notre temps, c'est avec un bistouri ! Chaque action
150 dans la vie réelle est la résultante de pensées fugitives et successives, qu'il faut dénombrer avec soin, pour créer un être vivant ! Et quoi de plus facile en se servant de l'hypnotisme électrique, qui dédouble l'homme et sépare ses deux personnalités ! Regardez-vous vivre, mon cher John Last ! Imitez votre confrère que je complimentais tout à l'heure ! Faites-
155 vous hypnotiser... Hein ?... Vous le faites, dites-vous ?... Pas assez alors, pas assez ! »

Cette petite leçon donnée, Francis Benett poursuit son inspection et pénètre dans la salle du reportage. Ses quinze cents reporters, placés devant un égal nombre de téléphones, communiquaient alors aux
160 abonnés les nouvelles reçues pendant la nuit des quatre coins du monde. L'organisation de cet incomparable service a été souvent décrite. Outre son téléphone, chaque reporter a devant lui une série de commutateurs, permettant d'établir la communication avec telle ou telle ligne téléphotique. Les abonnés ont donc non seulement le récit, mais la vue des
165 événements. Quand il s'agit d'un « fait-divers » déjà passé au moment

---

1. Partie de la philosophie qui s'intéresse à la métaphysique, c'est-à-dire à la recherche des causes et des premiers principes de l'être.
2. Mentalité et caractère campagnards.

où on le raconte, on en transmet les phases principales, obtenues par la
photographie intensive.

Francis Benett interpelle un des dix reporters astronomiques, – un
service qui s'accroîtra avec les récentes découvertes faites dans le monde
170 stellaire.

« Eh bien, Cash, qu'avez-vous reçu ?…

– Des phototélégrammes de Mercure, de Vénus et de Mars,
Monsieur.

– Intéressant, ce dernier ?…

175 – Oui ! une révolution dans le Central Empire, au profit des réac-
tionnaires libéraux contre les républicains conservateurs.

– Comme chez nous, alors ! – Et de Jupiter ?…

– Rien encore ! Nous n'arrivons pas à comprendre les signaux des
Joviens. Peut-être les nôtres ne leur parviennent-ils pas ?…

180 – Cela vous regarde, et je vous en rends responsable, monsieur
Cash ! » répondit Francis Benett, qui, fort mécontent, gagna la salle de
rédaction scientifique.

Penchés sur leurs compteurs, trente savants s'y absorbaient dans des
équations du quatre-vingt-quinzième degré. Quelques-uns se jouaient
185 même au milieu des formules de l'infini algébrique et de l'espace à
vingt-quatre dimensions, comme un élève d'élémentaires avec les quatre
règles de l'arithmétique.

Francis Benett tomba parmi eux à la façon d'une bombe.

« Eh bien, Messieurs, que me dit-on ? Aucune réponse de Jupiter ?…
190 Ce sera donc toujours la même chose ! Voyons, Corley, depuis vingt ans
que vous potassez[1] cette planète, il me semble…

---

1. Étudiez.

– Que voulez-vous, Monsieur, répondit le savant interpellé, notre optique laisse encore beaucoup à désirer, et, même avec nos télescopes de trois kilomètres…

195 – Vous entendez, Peer ! interrompit Francis Benett, en s'adressant au voisin de Corley. L'optique laisse à désirer !… C'est votre spécialité, cela, mon cher ! Mettez des lunettes, que diable ! mettez des lunettes !

Puis, revenant à Corley :

« Mais, à défaut de Jupiter, obtenons-nous au moins un résultat du 200 côté de la Lune ?…

– Pas davantage, monsieur Benett !

– Ah ! cette fois, vous n'accuserez pas l'optique ! La Lune est six cents fois moins éloignée que Mars, avec lequel, cependant, notre service de correspondance est régulièrement établi. Ce ne sont pas les télescopes 205 qui manquent…

– Non ! mais ce sont les habitants, répondit Corley avec un fin sourire de savant truffé d'X !

– Vous osez affirmer que la Lune est inhabitée ?

– Du moins, monsieur Benett, sur la face qu'elle nous présente. Qui 210 sait si de l'autre côté…

– Eh bien, Corley, il y a un moyen très simple de s'en assurer…

– Et lequel ?…

– C'est de retourner la Lune ! »

Et, ce jour-là, les savants de l'usine Benett piochèrent[1] les moyens 215 mécaniques qui devaient amener le retournement de notre satellite.

Du reste Francis Benett avait lieu d'être satisfait. L'un des astronomes du *Earth Herald* venait de déterminer les éléments de la nouvelle

---

1. Travaillèrent avec acharnement sur.

planète Gandini. C'est à douze trillions, huit cent quarante et un billions, trois cent quarante-huit millions, deux cent quatre-vingt-quatre
220 mille six cent vingt-trois mètres et sept décimètres, que cette planète décrit son orbite autour du Soleil, en cinq cent soixante-douze ans, cent quatre-vingt-quatorze jours, douze heures, quarante-trois minutes, neuf secondes et huit dixièmes de seconde.

Francis Benett fut enchanté de cette précision.

225 « Bien ! s'écria-t-il, hâtez-vous d'en informer le service de reportage. Vous savez quelle passion le public apporte à ces questions astronomiques. Je tiens à ce que la nouvelle paraisse dans le numéro d'aujourd'hui ! »

Avant de quitter la salle des reporters, Francis Benett poussa une
230 pointe vers le groupe spécial des interviewers, et s'adressant à celui qui était chargé des personnages célèbres :

« Vous avez interviewé le président Wilcox ? demanda-t-il.

– Oui, monsieur Benett, et je publie dans la colonne des informations que c'est décidément une dilatation de l'estomac dont il souffre,
235 et qu'il se livre aux lavages tubiques les plus consciencieux.

– Parfait. Et cette affaire de l'assassin Chapmann ?… Avez-vous interviewé les jurés qui doivent siéger aux Assises ?…

– Oui, et tous sont d'accord sur la culpabilité, de telle sorte que l'affaire ne sera même pas renvoyée devant eux. L'accusé sera exécuté
240 avant d'avoir été condamné…

– Parfait !… Parfait !… »

La salle adjacente, vaste galerie longue d'un demi-kilomètre, était consacrée à la publicité, et l'on imagine aisément ce que doit être la publicité d'un journal tel que le *Earth Herald*. Elle rapporte en
245 moyenne trois millions de dollars par jour. Grâce à un ingénieux sys-

tème, d'ailleurs, une partie de cette publicité se propage sous une forme absolument nouvelle, due à un brevet acheté au prix de trois dollars à un pauvre diable qui est mort de faim. Ce sont d'immenses affiches, réfléchies par les nuages, et dont la dimension est telle que l'on peut les
250 apercevoir d'une contrée tout entière. De cette galerie, mille projecteurs étaient sans cesse occupés à envoyer aux nues, qui les reproduisaient en couleur, ces annonces démesurées.

Mais, ce jour-là, lorsque Francis Benett entre dans la salle de publicité, il voit que les mécaniciens se croisent les bras auprès de leurs
255 projecteurs inactifs. Il s'informe... Pour toute réponse, on lui montre le ciel d'un bleu pur.

« Oui !... du beau temps, murmure-t-il, et pas de publicité aérienne possible ! Que faire ? S'il ne s'agissait que de pluie, on pourrait la produire ! Mais ce n'est pas de la pluie, ce sont des nuages qu'il nous
260 faudrait !...

– Oui... de beaux nuages bien blancs ! répond le mécanicien chef.

– Eh bien ! monsieur Samuel Mark, vous vous adresserez à la rédaction scientifique, service météorologique. Vous lui direz de ma part qu'elle s'occupe activement de la question des nuages artificiels. On ne
265 peut vraiment pas rester ainsi à la merci du beau temps ! »

Après avoir achevé l'inspection des diverses branches du journal, Francis Benett passa au salon de réception, où l'attendaient les ambassadeurs et ministres plénipotentiaires, accrédités près du gouvernement américain. Ces messieurs venaient chercher les conseils du tout-puissant
270 directeur. Au moment où Francis Benett entrait dans ce salon, on y discutait avec une certaine vivacité.

« Que Votre Excellence me pardonne, disait l'ambassadeur de France à l'ambassadeur de Russie, mais je ne vois rien à changer à la carte de

l'Europe. Le Nord aux Slaves, soit ! Mais le Midi aux Latins ! Notre
275 commune frontière du Rhin me parait excellente ! D'ailleurs, sachez-
le bien, mon gouvernement résistera à toute entreprise qui serait faite
contre nos préfectures de Rome, de Madrid et de Vienne !

    – Bien parlé ! dit Francis Benett, en intervenant dans le débat.
Comment, monsieur l'Ambassadeur de Russie, vous n'êtes pas satisfait
280 de votre vaste empire, qui, des bords du Rhin, s'étend jusqu'aux frontières de la Chine, un empire dont l'océan Glacial, l'Atlantique, la
mer Noire, le Bosphore, l'océan Indien, baignent l'immense littoral ?
Et puis, à quoi bon des menaces ? La guerre est-elle possible avec les
inventions modernes, ces obus asphyxiants qu'on envoie à des distances
285 de cent kilomètres, ces étincelles électriques, longues de vingt lieues, qui
peuvent anéantir d'un seul coup tout un corps d'armée, ces projectiles
que l'on charge avec les microbes de la peste, du choléra, de la fièvre
jaune, et qui détruiraient toute une nation en quelques heures ?

    – Nous le savons, monsieur Benett ! répondit l'ambassadeur de
290 Russie. Mais fait-on ce que l'on veut ?… Poussés nous-mêmes par les
Chinois sur notre frontière orientale, il nous faut bien, coûte que coûte,
tenter quelque effort vers l'ouest…

    – N'est-ce que cela, Monsieur ? répliqua Francis Benett d'un ton
protecteur. Eh bien ! puisque la prolification[1] chinoise est un danger
295 pour le monde, nous pèserons sur le Fils du Ciel ! Il faudra bien qu'il
impose à ses sujets un maximum de natalité qu'ils ne pourront dépasser
sous peine de mort ! Un enfant de trop ?… Un père de moins ! Cela
fera compensation. – Et vous, Monsieur, dit le directeur du *Earth
Herald*, en s'adressant au consul d'Angleterre, que puis-je pour votre
300 service ?…

---

1. Multiplication invasive des individus, prolifération.

– Beaucoup, monsieur Benett, répondit ce personnage. Il suffirait que votre journal voulût bien entamer une campagne en notre faveur…

– Et à quel propos ?…

– Tout simplement pour protester contre l'annexion[1] de la Grande-
305 Bretagne aux États-Unis…

– Tout simplement ! s'écria Francis Benett, en haussant les épaules. Une annexion vieille de cent cinquante ans déjà ! Mais messieurs les Anglais ne se résigneront donc jamais à ce que, par un juste retour des choses d'ici-bas, leur pays soit devenu colonie américaine ? C'est de la
310 folie pure ! Comment votre gouvernement a-t-il pu croire que j'entamerais cette antipatriotique campagne…

– Monsieur Benett, la doctrine de Munro, c'est toute l'Amérique aux Américains, vous le savez, mais rien que l'Amérique, et non pas…

– Mais l'Angleterre n'est qu'une de nos colonies, Monsieur, l'une des
315 plus belles. Ne comptez pas que nous consentions jamais à la rendre !

– Vous refusez ?…

– Je refuse, et si vous insistiez, nous ferions naître un *casus belli*[2], rien que sur l'interview de l'un de nos reporters !

– C'est donc la fin ! murmura le consul accablé. Le Royaume-Uni,
320 le Canada et la Nouvelle-Bretagne sont aux Américains, les Indes sont aux Russes, l'Australie et la Nouvelle-Zélande sont à elles-mêmes ! De tout ce qui fut autrefois l'Angleterre, que nous reste-t-il ?… Plus rien !

– Plus rien, Monsieur ! riposta Francis Benett. Eh bien ! et Gibraltar ? »

***

Midi sonnait en ce moment. Le directeur du *Earth Herald*, termi-
325 nant l'audience d'un geste, quitta le salon, s'assit sur un fauteuil roulant

---

1. Le rattachement, l'intégration.
2. Acte qui peut déclencher une guerre.

et gagna en quelques minutes sa salle à manger, située à un kilomètre de là, à l'extrémité de l'hôtel.

La table est dressée. Francis Benett y prend place. À portée de sa main est disposée une série de robinets, et, devant lui, s'arrondit la
330 glace d'un phonotéléphote, sur laquelle apparaît la salle à manger de son hôtel de Paris. Malgré la différence d'heures, Mr. et Mrs. Benett se sont entendus pour déjeuner en même temps. Rien de charmant comme d'être ainsi en tête-à-tête malgré la distance, de se voir, de se parler au moyen des appareils phonotéléphotiques.

335 Mais, en ce moment, la salle de Paris est vide.

« Edith se sera mise en retard ! se dit Francis Benett. Oh ! l'exactitude des femmes ! Tout progresse, excepté cela !... »

Et, en faisant cette trop juste réflexion, il tourne un des robinets.

Comme tous les gens à leur aise de notre époque, Francis Benett,
340 renonçant à la cuisine domestique, est un des abonnés de la grande *Société d'alimentation à domicile*. Cette Société distribue par un réseau de tubes pneumatiques des mets[1] de mille espèces. Ce système est coûteux, sans doute, mais la cuisine est meilleure, et il a cet avantage qu'il supprime la race horripilante des cordons-bleus des deux sexes.

345 Francis Benett déjeuna donc seul, non sans quelque regret. Il achevait son café, lorsque Mrs. Benett, rentrant chez elle, apparut dans la glace du téléphote.

« D'où viens-tu donc, ma chère Edith ? demanda Francis Benett.

– Tiens ! répondit Mrs. Benett, tu as fini ?... Je suis donc en
350 retard ?... D'où je viens ?... Mais de chez mon modiste !... Il y a, cette année, des chapeaux ravissants ! Ce ne sont même plus des chapeaux... ce sont des dômes, des coupoles !... Je me serai un peu oubliée !...

---

1. Plats.

– Un peu, ma chère, si bien que voici mon déjeuner fini...

– Eh bien, va, mon ami... va à tes occupations, répondit Mrs.
355 Benett. J'ai encore une visite à faire chez mon couturier-modeleur. »

Et ce couturier n'était rien moins que le célèbre Wormspire, celui qui
a si judicieusement dit : « La femme n'est qu'une question de formes ! »

Francis Benett baisa la joue de Mrs. Benett sur la glace du téléphote,
et se dirigea vers la fenêtre, où l'attendait son aéro-car.

360   « Où va Monsieur ? demanda l'aéro-coachman.

– Voyons... j'ai le temps... répondit Francis Benett. Conduisez-moi
à mes fabriques d'accumulateurs du Niagara. »

L'aéro-car, machine admirable fondée sur le principe du plus lourd
que l'air, s'élança à travers l'espace, à raison de six cents kilomètres à
365 l'heure. Au-dessous de lui défilaient les villes avec leurs trottoirs mouvants
qui transportent les passants le long des rues, les campagnes recouvertes
comme d'une immense toile d'araignée du réseau des fils électriques.

En une demi-heure, Francis Benett eut atteint sa fabrique du
Niagara, dans laquelle, après avoir utilisé la force des cataractes[1] à
370 produire de l'énergie, il la vend ou la loue aux consommateurs. Puis,
sa visite achevée, il revint par Philadelphie, Boston et New York à
Centropolis, où son aéro-car le déposa vers cinq heures.

***

Il y avait foule dans la salle d'attente du *Earth Herald*. On guettait
le retour de Francis Benett pour l'audience quotidienne qu'il accorde
375 aux solliciteurs. C'étaient des inventeurs quémandant des capitaux, des
brasseurs d'affaires proposant des opérations, toutes excellentes à les
entendre. Parmi ces propositions diverses, il faut faire un choix, rejeter
les mauvaises, examiner les douteuses, accueillir les bonnes.

---

1. Chutes d'eau, cascades.

Francis Benett eut rapidement expédié ceux qui n'apportaient que
380 des idées inutiles ou impraticables. L'un ne prétendait-il pas faire
revivre la peinture, cet art tombé en telle désuétude que l'*Angélus* de
Millet[1] venait d'être vendu quinze francs, et cela, grâce aux progrès
de la photographie en couleur, inventée, à la fin du xxᵉ siècle, par le
Japonais Aruziswa-Riochi-Nichome-Sanjukamboz-Kio-Baski-Kû, dont
385 le nom est devenu si facilement populaire ? L'autre n'avait-il pas trouvé
le bacille biogène, qui devait rendre l'homme immortel, après avoir été
introduit dans l'organisme humain ? Celui-ci, un chimiste, ne venait-il
pas de découvrir un nouveau corps, le *Nihilium*, dont le gramme ne
coûtait que trois millions de dollars ? Celui-là, un médecin audacieux,
390 ne prétendait-il pas qu'il possédait un remède spécifique contre le
rhume de cerveau ?…

Tous ces rêveurs furent promptement éconduits[2].

Quelques autres reçurent meilleur accueil, et, d'abord, un jeune
homme, dont le vaste front annonçait la vive intelligence.
395 « Monsieur, dit-il, si autrefois on comptait soixante-quinze corps
simples, ce nombre est réduit à trois aujourd'hui, vous le savez ?

– Parfaitement, répondit Francis Benett.

– Eh bien, Monsieur, je suis sur le point de ramener ces trois à un seul.
Si l'argent ne me manque pas, dans quelques semaines, j'aurai réussi.
400 – Et alors ?…

– Alors, Monsieur, j'aurai tout bonnement déterminé l'absolu.

– Et la conséquence de cette découverte ?…

– Ce sera la création facile de toute matière, pierre, bois, métal,
fibrine…

---

1. Célèbre tableau de 1857 représentant deux paysans en prière au milieu d'un champ.
2. Congédiés, chassés.

405   – Prétendriez-vous donc parvenir à fabriquer une créature humaine ?...

– Entièrement... Il n'y manquera que l'âme !....

– Que cela ! » répondit ironiquement Francis Benett qui attacha cependant ce jeune chimiste à la rédaction scientifique du journal.

410   Un second inventeur, se basant sur de vieilles expériences, qui dataient du XIXᵉ siècle, et souvent renouvelées depuis, avait l'idée de déplacer une ville entière d'un seul bloc. Il s'agissait, en l'espèce, de la ville de Saaf, située à une quinzaine de milles de la mer, et qu'on transformerait en station balnéaire, après l'avoir amenée sur rails jusqu'au
415   littoral. D'où une énorme plus-value pour les terrains bâtis et à bâtir.

Francis Benett, séduit par ce projet, consentit à se mettre de moitié dans l'affaire.

« Vous savez, Monsieur, lui dit un troisième postulant, que, grâce à nos accumulateurs et transformateurs solaires et terrestres, nous avons pu
420   égaliser les saisons. Je me propose de faire mieux encore. Transformons en chaleur une part de l'énergie dont nous disposons, et envoyons cette chaleur aux contrées polaires dont elle fondra les glaces...

– Laissez-moi vos plans, répondit Francis Benett, et revenez dans huit jours ! »

425   Enfin, un quatrième savant apportait la nouvelle que l'une des questions qui passionnaient le monde entier allait recevoir sa solution ce soir même.

On sait qu'il y a un siècle, une hardie expérience avait attiré l'attention publique sur le docteur Nathaniel Faithburn. Partisan convaincu
430   de l'hibernation humaine, c'est-à-dire de la possibilité de suspendre les fonctions vitales, puis de les faire renaître après un certain temps, il s'était décidé à expérimenter sur lui-même l'excellence de sa méthode.

Après avoir, par testament olographe[1], indiqué les opérations propres à le ramener à la vie dans cent ans jour pour jour, il s'était soumis à un
435 froid de 172 degrés ; réduit alors à l'état de momie, le docteur Faithburn avait été enfermé dans un tombeau pour la période convenue.

Or, c'était précisément ce jour-ci, 25 juillet 2889, que le délai expirait, et l'on venait offrir à Francis Benett de procéder dans l'une des salles du *Earth Herald* à la résurrection si impatiemment attendue. Le
440 public pourrait de la sorte être tenu au courant seconde par seconde.

La proposition fut acceptée, et, comme l'opération ne devait pas se faire avant dix heures du soir, Francis Benett vint s'étendre dans le salon d'audition sur une chaise longue. Puis, tournant un bouton, il se mit en communication avec le Central Concert.

445 Après une journée si occupée, quel charme il trouva aux œuvres de nos meilleurs maestros, basées, comme on le sait, sur une succession de délicieuses formules harmonico-algébriques !

L'obscurité s'était faite, et, plongé dans un sommeil demi-extatique, Francis Benett ne s'en apercevait même pas. Mais une porte s'ouvrit
450 soudain.

« Qui va là ? » dit-il en touchant un commutateur placé sous sa main.

Aussitôt, par un ébranlement électrique produit sur l'éther, l'air devint lumineux.

455 « Ah ! c'est vous, docteur ? dit Francis Benett.

— Moi-même, répondit le docteur Sam, qui venait faire sa visite quotidienne – (abonnement à l'année). Comment va ?

— Bien !

— Tant mieux… Voyons cette langue ?

---

1. Entièrement rédigé à la main.

460   Et il la regarda au microscope.

– Bonne… Et ce pouls ?…

Il le tâta avec un pulsographe, analogue aux instruments qui enre-
gistrent les trépidations[1] du sol.

– Excellent !… Et l'appétit ?…

465   – Euh !

– Oui… l'estomac !… Il ne va plus bien, l'estomac ! Il vieillit, l'estomac ! Il faudra décidément vous en faire remettre un neuf !…

– Nous verrons ! répondit Francis Benett. En attendant, docteur,
vous dînez avec moi ! »

470   Pendant le repas, la communication phonotéléphotique avait été établie
avec Paris. Cette fois, Mrs. Benett était devant sa table, et le dîner, entre-
mêlé des bons mots du docteur Sam, fut charmant. Puis, à peine terminé :

« Quand comptes-tu revenir à Centropolis, ma chère Edith ?
demanda Francis Benett.

475   – Je vais partir à l'instant.

– Par le tube ou l'aéro-train ?…

– Par le tube.

– Alors tu seras ici ?…

– À onze heures cinquante-neuf du soir.

480   – Heure de Paris ?…

– Non, non !… Heure de Centropolis.

– À bientôt donc, et surtout ne manque pas le tube ! »

Ces tubes sous-marins, par lesquels on vient d'Europe en deux cent
quatre-vingt-quinze minutes, sont infiniment préférables en effet aux
485   aéro-trains, qui ne font que mille kilomètres à l'heure.

**

---

1. Tremblements.

Le docteur s'étant retiré, après avoir promis de revenir pour assister à la résurrection de son confrère Nathaniel Faithburn, Francis Benett, voulant arrêter les comptes du jour, passa dans son bureau. Opération énorme, quand il s'agit d'une entreprise dont les frais quotidiens
490 s'élèvent à huit cent mille dollars. Très heureusement, les progrès de la mécanique moderne facilitent singulièrement ce genre de travail. À l'aide du piano-compteur-électrique, Francis Benett eut bientôt achevé sa besogne.

Il était temps. À peine avait-il frappé la dernière touche de l'appareil
495 totalisateur, que sa présence était réclamée au salon d'expérience. Il s'y rendit aussitôt et fut accueilli par un nombreux cortège de savants, auxquels s'était joint le docteur Sam.

Le corps de Nathaniel Faithburn est là, dans sa bière[1], qui est placée sur des tréteaux au milieu de la salle.
500 Le téléphote est actionné. Le monde entier va pouvoir suivre les diverses phases de l'opération.

On ouvre le cercueil… On en sort Nathaniel Faithburn… Il est toujours comme une momie, jaune, dur, sec. Il résonne comme du bois… On le soumet à la chaleur… à l'électricité… Aucun résultat…
505 On l'hypnotise… On le suggestionne… Rien n'a raison de cet état ultra-cataleptique[2]…

« Eh bien, docteur Sam ?… demande Francis Benett.

Le docteur se penche sur le corps, il l'examine avec la plus vive attention… Il lui introduit, au moyen d'une injection hypodermique
510 quelques gouttes du fameux élixir Brown-Séquard, qui est encore à la mode… La momie est plus momifiée que jamais.

---

1. Son cercueil.
2. État d'immobilité, de léthargie extrêmes.

– Eh bien, répond le docteur Sam, je crois que l'hibernation a été trop prolongée…

– Ah ! ah !…

515 – Et que Nathaniel Faithburn est mort.

– Mort ?…

– Aussi mort qu'on peut l'être !

– Depuis quand serait-il mort ?…

– Depuis quand ?… répond le docteur Sam. Mais… depuis cent ans,

520 c'est-à-dire depuis qu'il a eu la fâcheuse idée de se faire congeler par amour de la science !…

– Allons, dit Francis Benett, voilà une méthode qui a besoin d'être perfectionnée !

– Perfectionnée est le mot », répond le docteur Sam, tandis que la

525 commission scientifique d'hibernation remporte son funèbre colis.

***

Francis Benett, suivi du docteur Sam, regagna sa chambre et, comme il paraissait très fatigué après une journée si bien remplie, le docteur lui conseilla de prendre un bain avant de se coucher.

« Vous avez raison, docteur… cela me reposera…

530 – Tout à fait, monsieur Benett, et, si vous le voulez, je vais commander en sortant…

– C'est inutile, docteur. Il y a toujours un bain préparé dans l'hôtel, et je n'ai même pas l'ennui d'aller le prendre hors de ma chambre. Tenez, rien qu'en touchant ce bouton, la baignoire va se mettre en

535 mouvement, et vous la verrez se présenter toute seule avec de l'eau à la température de trente-sept degrés ! »

Francis Benett venait de presser le bouton. Un bruit sourd naissait, s'enflait, grandissait… Puis, une des portes s'ouvrit, et la baignoire apparut, glissant sur ses rails…

540   Ciel ! Tandis que le docteur Sam se voile la face, de petits cris de pudeur effarouchée s'échappent de la baignoire…

Arrivée depuis une demi-heure à l'hôtel par le tube transocéanique, Mrs. Benett était dedans…

***

Le lendemain, 26 juillet 2889, le directeur du *Earth Herald* recom-
545 mençait sa tournée de vingt kilomètres à travers ses bureaux, et, le soir, quand son totalisateur eut opéré, ce fut par deux cent cinquante mille dollars qu'il chiffra le bénéfice de cette journée – cinquante mille de plus que la veille.

550   Un bon métier, le métier de journaliste à la fin du vingt-neuvième siècle !

RENÉ BARJAVEL (1911-1985)

Ravage, première partie, « Les temps nouveaux », extraits, 1943.

René Barjavel, qui est également l'auteur de La Nuit *des temps, raconte dans* Ravage *ce qu'il adviendrait de notre monde si, dans le futur, il se trouvait soudainement privé d'électricité. Les premières pages de cette anticipation pessimiste décrivent le quotidien d'une société futuriste marquée par le progrès.*

François trouva un siège libre à l'avant du véhicule. Des appareils conditionneurs entretenaient dans le wagon une température agréable.

À travers la paroi transparente, les voyageurs qui venaient de s'asseoir regardaient avec satisfaction ceux qui venaient de sortir et qui se pres-
5 saient, trottaient, se dispersaient, vers la sortie, vers la buvette, vers les correspondances, fuyaient la chaleur qui régnait sous le hall de la gare.

Une sirène ulula[1] doucement, les hélices avant et arrière démarrèrent ensemble, l'automotrice décolla du quai, accéléra, fut en trois secondes hors de la gare.
10 François avait acheté les journaux marseillais du soir, de la bière dans un étui réfrigérant, et un roman policier.

Au guichet, il avait reçu, en même temps que son billet, une brochure luxueusement imprimée. La Compagnie Eurasiatique des Transports y célébrait le trentième anniversaire des *Trois Glorieuses du remplacement.*
15 Âgé de vingt-deux ans, François Deschamps n'avait pas vécu la fièvre de ces trois jours. Il en avait appris tous les détails à l'école, où

---

1. Poussa le cri d'un oiseau nocturne.

les maîtres enseignaient une nouvelle Histoire, sans conquêtes ni révolutions, illustrée de visages de savants, jalonnée par les dates des découvertes et des tours de force techniques. Ces « trois glorieuses » pouvaient
20 être considérées, pour l'époque, comme un exploit peu ordinaire.

Elles constituaient en quelque sorte la charnière de l'âge atomique,
marquaient le moment où les hommes, sursaturés de vitesse, s'étaient
résolument tournés vers un mode de vie plus humain. Ils s'étaient aperçus qu'il n'était ni agréable, ni, au fond, utile en quoi que ce fût, de faire
25 le tour de la Terre en vingt minutes à cinq cents kilomètres d'altitude.
Et qu'il était bien plus drôle, et même plus pratique, de flâner au ras des
mottes à deux ou trois mille kilomètres à l'heure.

Aussi avaient-ils abandonné presque d'un seul coup, tout au moins
en ce qui concernait la vie civile, les bolides à réaction atomique, pour
30 en revenir aux confortables avions à hélice enveloppante. Ils avaient
dans le même temps redécouvert avec attendrissement les chemins de
fer, sur lesquels circulaient encore des trains à roues et à propulsion
fusante, chargés de charbon ou de minerai. [...]

C'étaient bien là trois glorieuses journées du début de ce XXIᵉ siècle,
35 qui, sa cinquantième année dépassée, semblait mériter définitivement
le nom, qu'on lui donnait souvent, de siècle Iᵉʳ de l'Ère de Raison. [...]

François déplia un journal. Les titres criaient :

LA GUERRE DES DEUX AMÉRIQUES
LES AMÉRICAINS DU SUD VONT-ILS PASSER À L'OFFENSIVE ?

40 *Rio de Janeiro* (de notre correspondant particulier). – L'Empereur
Noir Robinson, souverain de l'Amérique du Sud, vient d'effectuer un
voyage circulaire dans ses États. Malgré la discrétion des milieux offi-
ciels, nous croyons pouvoir affirmer que l'Empereur Noir, au cours de
ce voyage, aurait inspecté les bases de départ d'une offensive destinée à

45 mettre fin à la « guerre larvée[1] » qui oppose son pays à l'Amérique du Nord.

On ignore de quelle façon se déclenchera cette offensive, mais, de source généralement bien informée, nous apprenons que l'Empereur Robinson aurait déclaré, au retour de son voyage, que « le monde serait 50 frappé de terreur ».

N.D.L.R. – Notre correspondant à Washington signale qu'on se montre très sceptique dans la capitale au sujet d'une prétendue offensive noire. Le pays compte sur ses formidables moyens de défense. Le chef des États du Nord est parti passer le week-end dans sa propriété de l'Alaska.

55 Au-dessous de l'article, un fouillis de lignes et de points multicolores semblaient défier l'œil du lecteur. François Deschamps tira de sa poche la petite loupe à double foyer que les journaux offraient à leurs lecteurs pour le Jour de l'An, et la braqua sur l'étrange puzzle.

À ses yeux apparut alors, se détachant en relief sur la page, l'Empe-60 reur Noir, drapé dans une tunique de mailles d'or rouge, ceint d'une couronne sertie de rubis.

Le jeune homme referma sa loupe, et l'Empereur Noir retourna au chaos.

François tourna la page du journal. Un nouvel article attira son attention :

65 LE PROFESSEUR PORTIN EXPLIQUE LES TROUBLES ÉLECTRIQUES

Paris. – L'éminent président de l'Académie des Sciences, M. le professeur Portin, vient de communiquer à la docte[2] Assemblée le

---

1. En attente, qui pourrait se déclencher.
2. Savante.

résultat de ses travaux sur les causes des troubles électriques qui se sont
70 manifestés l'hiver dernier, plus exactement le 23 décembre 2051 et le
7 janvier 2052.

On sait que ces deux jours-là, la première fois à 21 h 30, la seconde à
16 h 17, la tension du courant électrique, quelle que fût la manière dont
il fût produit, baissa sur toute la surface du globe, pendant près de dix
75 minutes. Au plus fort de la baisse, certaines centrales atomiques cessèrent
même complètement de fonctionner. Cette perturbation, presque insen-
sible en France, fut surtout ressentie à la hauteur de l'Équateur.

M. le professeur Portin a déclaré à ses éminents collègues qu'après
six mois de recherches, et après avoir pris connaissance des travaux sem-
80 blables menés en tous les points du globe sur le même sujet, il en était
arrivé à la conclusion suivante : cette crise de l'électricité qui semblait
traduire une véritable altération, heureusement momentanée, de l'équilibre intérieur des atomes, était due à une recrudescence des taches
solaires. Les taches solaires, ajouta le distingué savant, sont également
85 la cause de l'accroissement notable de température que le globe subit
depuis plusieurs années, et de l'exceptionnelle vague de chaleur dont le
monde entier souffre depuis le mois d'avril…

La nuit cernait de tous côtés les dernières flammes de l'Ouest.
François tira du dossier de son fauteuil le lecteur électrique et coiffa
90 l'écouteur. La Compagnie Eurasiatique des Transports avait installé
un de ces appareils sur chaque siège pour permettre aux voyageurs de
lire la nuit sans déranger ceux de leurs voisins qui désiraient rester dans
l'obscurité.

Une plaque extensible, que chacun pouvait agrandir ou rapetisser au
95 format de son livre, s'appliquait sur la page et, dans l'écouteur, une voix

lisait le texte imprimé. Cette voix, non seulement lisait Goethe, Dante, Mistral ou Céline dans le texte, avec l'accent d'origine, mais reprenait ensuite, si on le désirait, en haut de chaque page, pour en donner la traduction en n'importe quelle langue. Elle possédait un grand registre de
100 tons, se faisait doctorale[1] pour les ouvrages de philosophie, sèche pour les mathématiques, tendre pour les romans d'amour, grasse pour les recettes de cuisine. Elle lisait les récits de bataille d'une voix de colonel, et d'une voix de fée les contes pour enfants. Au dernier mot de la dernière ligne, elle faisait connaître par un « hum hum » discret qu'il était
105 temps de changer la plaque de page.

Cet appareil n'eût pas manqué de paraître miraculeux à un voyageur du XXe siècle égaré dans ce véhicule du XXIe.

---

1. Pleine d'emphase et de prétention.

Isaac Asimov (1920-1992)
« Ce qu'on s'amusait ! », 1951.

Isaac Asimov est un écrivain américain d'origine russe, connu pour sa créa-tion romanesque de l'empire galactique de Fondation *et pour ses nombreux récits sur les robots (*Le Cycle des robots*). Dans ce texte, deux enfants du futur, que les maîtres robotisés lassent, rêvent de l'école d'avant, celle du bon vieux temps…*

Ce soir-là, Margie nota l'événement dans son journal. À la page qui portait la date du 17 mai 2155, elle écrivit : « Aujourd'hui, Tommy a trouvé un vrai livre ! »

C'était un très vieux livre. Le grand-père de Margie avait dit un jour
5   que, lorsqu'il était enfant, son propre grand-père lui parlait du temps où les histoires étaient imprimées sur du papier.

On tournait les pages, qui étaient jaunes et craquantes, et il était joliment drôle de lire des mots qui restaient immobiles au lieu de se déplacer comme ils le font maintenant – sur un écran, comme il est
10 normal. Et puis, quand on revenait à la page précédente, on y retrouvait les mêmes mots que lorsqu'on l'avait lue pour la première fois.

– Sapristi, dit Tommy, quel gaspillage ! Quand on a fini le livre, on le jette et puis c'est tout, je suppose. Il a dû passer des millions de livres sur notre poste de télévision, et il en passera encore bien plus. Et je ne
15 voudrais pas le jeter, le poste.

– C'est pareil pour moi, dit Margie.

Elle avait onze ans et n'avait pas vu autant de télélivres que Tommy, qui était de deux ans son aîné.

– Où l'as-tu trouvé ? demanda-t-elle.

20   – Chez nous.

Il fit un geste de la main sans lever les yeux, accaparé qu'il était par sa lecture.

– Dans le grenier.

– De quoi parle-t-il ?

25   – De l'école.

Margie fit une moue de dédain.

– L'école ? Qu'est-ce qu'on peut écrire sur l'école ? Je n'aime pas l'école.

Margie avait toujours détesté l'école, mais maintenant elle la détestait
30 plus que jamais. Le maître mécanique lui avait fait subir test sur test en géographie et elle s'en était tirée de plus en plus mal. Finalement sa mère avait secoué tristement la tête et fait venir l'inspecteur régional.

L'inspecteur, un petit homme rond à la figure rougeaude, était venu avec une boîte pleine d'ustensiles, d'appareils de mesure et de fils métal-
35 liques. Il avait fait un sourire à l'enfant et lui avait donné une pomme. Puis il avait mis le maître en pièces détachées. Margie avait espéré qu'il ne saurait pas le remonter, mais son espoir avait été déçu. Au bout d'une heure environ, le maître était là de nouveau, gros, noir, vilain, avec un grand écran sur lequel les leçons apparaissaient et les questions
40 étaient posées. Et ce n'était pas cela le pire. Ce qu'elle maudissait le plus, c'était la fente par où elle devait introduire ses devoirs du soir et ses compositions. Elle devait les écrire en un code perforé qu'on lui avait fait apprendre quand elle avait six ans et le maître mécanique calculait les points en moins de rien.

45   Son travail terminé, l'inspecteur avait souri et avait caressé la tête de Margie. Puis il avait dit à sa mère : « Ce sont des choses qui arrivent. Je l'ai ralenti pour qu'il corresponde au niveau moyen d'un enfant de dix

ans. En fait, le diagramme général du travail de votre fille est tout à fait satisfaisant. » Et il avait tapoté de nouveau la tête de Margie.

50   Margie était déçue. Elle avait espéré qu'il emporterait le maître avec lui. Une fois, on était venu chercher le maître de Tommy et on l'avait gardé près d'un mois parce que le secteur d'histoire avait flanché complètement.

Elle demanda encore à Tommy :

55   – Pourquoi quelqu'un écrirait-il quelque chose sur l'école ?

Tommy la gratifia d'un regard supérieur.

– Ce que tu es stupide, il ne s'agit pas du même genre d'école que maintenant. Ça, c'est l'école qui existait il y a des centaines et des centaines d'années.

60   Il ajouta avec hauteur, détachant les mots avec soin :

– Il y a des siècles.

Margie était vexée.

– Eh bien, je ne sais pas quelles écoles ils avaient il y a si longtemps.

Elle lut quelques lignes du livre par-dessus son épaule, puis ajouta :

65   – En tout cas, ils avaient un maître.

– Bien sûr qu'ils avaient un maître, mais ce n'était pas un maître normal. C'était un homme.

– Un homme ? Comment un homme pouvait-il faire la classe ?

– Eh bien, il apprenait simplement des choses aux garçons et aux
70 filles et il leur donnait des devoirs à faire à la maison et leur posait des questions.

– Un homme n'est pas assez intelligent pour ça ?

– Sûrement que si. Mon père en sait autant que mon maître.

– Pas vrai. Un homme ne peut pas en savoir autant qu'un maître.

75   – Il en sait presque autant, ça je t'en fais le pari.

Margie n'était pas disposée à discuter. Elle dit :

– Je ne voudrais pas d'un homme dans ma maison pour me faire la classe.

Tommy se mit à rire aux éclats.

80   – Ce que tu peux être bête, Margie. Les maîtres ne vivaient pas dans la maison. Ils avaient un bâtiment spécial et tous les enfants y allaient.

– Et tous les enfants apprenaient la même chose ?

– Bien sûr, s'ils avaient le même âge.

– Mais maman dit qu'un maître doit être réglé d'après le cerveau de
85 chaque garçon et de chaque fille et qu'il ne doit pas leur apprendre la même chose à tous.

– Ça n'empêche pas qu'on ne faisait pas comme ça à cette époque-là. Et puis si ça ne te plaît pas, je ne te force pas à lire ce livre.

– Je n'ai jamais dit que ça ne me plaisait pas, répliqua vivement
90 Margie.

Elle voulait s'informer sur ces étranges écoles.

Ils en étaient à peine à la moitié du livre quand la mère de Margie appela :

– Margie ! L'école !

95   Margie leva la tête.

– Pas encore, maman !

– Si. C'est l'heure, dit Mrs. Jones. Et c'est probablement l'heure pour Tommy aussi.

– Est-ce que je pourrai encore lire un peu le livre avec toi après
100 l'école ? demanda Margie à Tommy.

– Peut-être, dit-il nonchalamment[1].

---

1. Avec négligence, mollesse.

Il s'éloigna en sifflotant, le vieux livre poussiéreux serré sous son bras. Margie entra dans la salle de classe. Celle-ci était voisine de sa chambre à coucher et le maître mécanique avait été mis en marche et l'attendait.
105 On le branchait toujours à la même heure chaque jour sauf le samedi et le dimanche, car la mère de Margie disait que les filles de cet âge apprenaient mieux si les leçons avaient lieu à des heures régulières.

L'écran était allumé et proclamait : « La leçon d'arithmétique d'aujourd'hui concerne l'addition des fractions. Veuillez insérer votre devoir
110 d'hier dans la fente appropriée. »

Margie s'exécuta avec un soupir. Elle pensait aux anciennes écoles qu'il y avait, du temps que le grand-père de son grand-père était encore enfant. Tous les enfants du voisinage arrivaient alors en riant et en criant dans la cour de l'école, s'asseyaient ensemble dans la classe et par-
115 taient ensemble pour rentrer chez eux à la fin de la journée. Et comme ils apprenaient les mêmes choses, ils pouvaient s'aider pour faire leurs devoirs du soir et en parler entre eux.

Et les maîtres étaient des *gens*…

Sur l'écran du maître mécanique, on lisait maintenant en lettres
120 lumineuses : « Quand nous additionnons les fractions 1/2 et 1/4… »

Et Margie réfléchissait. Comme les enfants devaient aimer l'école au bon vieux temps ! Comme ils devaient la trouver drôle… Oui, en ce temps-là, ce qu'on s'amusait !

Traduit par Roger Durand, © Random House Inc.

MIKAËL OLLIVIER (né en 1968)
« La maison verte », *Nouvelles re-vertes*, 2008.

Auteur de La Vie en gros *et de* Frères de sang, *Mikaël Ollivier publie également des romans et des nouvelles de science-fiction comme « La maison verte », qui nous entraîne dans un monde étonnamment écologique…*

Voilà, tout est fait, je crois. Papa va être content quand il va rentrer du travail. Reste plus qu'à vérifier la liste.

Porter le verre au conteneur. OK.

Arroser le potager avec l'eau des bacs de récupération. OK.

5 *Retourner le compost. FAIT.*

Il y a deux ans, nos parents ont décidé d'obtenir le label[1] Maison verte qui, selon une nouvelle directive gouvernementale, leur octroierait 50 % de réduction sur leurs impôts locaux et jusqu'à 65 % sur la taxe d'habitation. Nos voisins d'à côté, les Giraud, l'ont obtenu l'an

10 passé, comme les Ledoux, en face. Notre village est « à la pointe[2] », dit toujours papa quand on a des invités, l'un des premiers à avoir été classé VFD, pour Village de France Durable.

Il était temps que l'on s'y mette aussi.

Vider le bac à sciure des toilettes. FAIT.

15 *Ramasser le bois mort du jardin. OK.*

Papa et maman ont beaucoup investi ces deux dernières années : une chaudière à granulés de bois, des panneaux solaires sur le toit du garage, un système de récupération des eaux qui permet non seulement d'arroser le potager bio mais aussi d'alimenter la salle de bains et le lavabo

---

1. Marque garantissant la conformité ou la qualité d'un produit ou d'une chose.
2. Au plus haut niveau et en avance.

20 de la cuisine, une douche à débit limité, du double vitrage à toutes les fenêtres et une isolation complète des combles en laine de chanvre.

Chaque matin, sur une ardoise dans la cuisine, nos parents inscrivent la liste des tâches que ma sœur et moi devons effectuer en rentrant de l'école. Au collège, la prof d'écocivisme ne cesse de nous répéter que
25 c'est avec des gestes simples et quotidiens que l'on peut préserver la planète. Depuis cette année, l'écocivisme est coefficient 3 au bac. Autant que l'anglais et la physique nucléaire.

Changer l'ampoule fluo compacte du salon. FAIT.

Nourrir les poules. FAIT.

30 *Tuer un lapin pour dimanche. OK.*

Faire vos devoirs. OK.

Avec les économies qu'ils feront sur les impôts quand on aura le label Maison verte, mes parents comptent acheter une voiture électrique, ce qui nous éviterait de prendre le car pour aller à la gare TGV quand
35 on part en vacances. Par contre, papa continuera d'aller au travail en tandem avec M. Giraud. Il faut dire que, comme tout le monde dans le quartier, il travaille à la centrale nucléaire qui n'est qu'à deux kilomètres de la maison. De toute façon, il aura quarante-cinq ans dans deux ans et sera à la retraite.

40 *Charger le four à bois. OK.*

Cueillir une tomate pour le dîner (portez-la à deux pour ne pas vous faire mal au dos). FAIT.

Prendre vos cachets d'iode. OK.

Tout est fait.

45 Le soir tombe, c'est l'heure que je préfère de la journée. Les oiseaux s'appellent dans le jardin, les derniers rayons de soleil étirent les ombres et embrasent le panache de la tour de refroidissement de la centrale.

J'entends le porche qui grince. Papa revient du travail. J'aime, chaque soir, quand il traverse la cour et qu'il scintille dans la pénombre.

Voyages dans l'espace et dans le temps

BERNARD WERBER (né en 1961)

« Le chant du papillon », *L'Arbre des Possibles*, 2002.

Bernard Werber explore depuis 1991 les nombreuses facettes de la science-fiction. Ancien journaliste scientifique, il est l'auteur des Fourmis, *un livre vendu à plusieurs millions d'exemplaires et traduit dans le monde entier. Dans « Le chant du papillon », il plonge le lecteur dans la première expédition scientifique... vers le Soleil !*

– C'est strictement impossible ! On ne peut pas lancer une expédition vers le Soleil, affirma le secrétaire général de la NASA en éclatant de rire.

L'idée était vraiment saugrenue[1]. Une expédition vers le... Soleil !

5   L'homme assis à sa droite, officier responsable des missions de la NASA, se voulut plus conciliant.

– Il faut reconnaître que le secrétaire général a raison. Il est impossible de voyager vers le Soleil. Les astronautes se calcineront dès qu'ils approcheront de la périphérie.

10   – Impossible n'est pas terrien, avait rétorqué le petit homme replet qui répondait au nom de Simon Katz.

Et il fouilla dans sa poche gonflée, à la recherche de cacahuètes salées qu'il grignota avec décontraction.

---

1. Bizarre, surprenante.

Le secrétaire général de la NASA leva un sourcil inquiet.

15   – Vous voulez dire, professeur Katz, que vous avez vraiment l'intention de lancer une expédition d'astronautes vers le Soleil ?

Simon Katz resta impassible. Puis répondit :

– Il faudra bien un jour que ce voyage se fasse. Après tout le Soleil est l'objet que nous voyons le mieux dans le ciel au-dessus de nous.

20   Le petit homme déploya une carte où était dessinée une trajectoire de vol.

– La distance de la Terre au Soleil est de 150 millions de kilomètres. Cependant, grâce à nos nouveaux réacteurs nucléaires à fusion, nous pourrions y être en deux mois.

25   – Le problème n'est pas la distance mais la chaleur !

– Le flux d'énergie libéré par le Soleil est de 1026 calories par seconde. Équipés de gros boucliers thermiques, on devrait pouvoir s'en protéger.

Cette fois, les deux officiers parurent impressionnés par tant d'opiniâtreté[1].

30   – Je me demande comment une idée pareille a pu vous traverser l'esprit ! pesta[2] pourtant l'un des officiers. Aucun humain ne saurait envisager de foncer vers une fournaise. Le Soleil ne peut être visité. C'est une telle évidence que j'ai honte de l'exprimer à haute voix. Nul ne l'a jamais fait et nul ne le fera jamais, je peux vous le certifier.

35   Simon Katz, qui mâchouillait toujours des cacahuètes, ne se décontenança pas.

– J'aime tenter ce que nul n'a tenté avant moi… Même si j'échoue, notre voyage permettra aux expéditions suivantes de disposer d'informations inédites.

---

1. De persévérance, d'entêtement.
2. Protesta, grogna.

40 Le secrétaire tapa du plat de la main sur la grande table d'acajou de la salle de réunion.

– Mais bon sang, souvenez-vous du mythe d'Icare ! Ceux qui tentent d'approcher du Soleil se brûlent les ailes !

Le visage de Simon Katz s'éclaira enfin.

45 – Quelle excellente idée ! Vous venez de trouver le nom de notre vaisseau spatial. Nous le baptiserons *Icare*.

L'expédition *Icare* comprenait quatre personnes. Deux hommes, deux femmes : Simon Katz, pilote de chasse chevronné et diplômé d'astrophysique, Pierre Bolonio, un grand blond spécialiste en biologie 50 et en physique des plasmas, Lucille Adjemian, pilote d'essai de fusée, et Pamela Waters, bricoleuse et astronome spécialiste en physique solaire. Tous étaient volontaires.

La NASA avait fini par céder. Si les caciques[1] de la profession croyaient la chose impossible, ils se disaient aussi que les programmes paraîtraient 55 plus « complets » s'ils incluaient dans leurs recherches une expédition vers le Soleil. Après tout, ils avaient déjà financé l'envoi d'une sonde vers d'improbables extraterrestres, ils n'en étaient donc pas à une fantaisie près.

Simon et son équipe reçurent les subventions nécessaires. Au début la NASA fit tout pour que l'affaire bénéficie de la plus grande couverture 60 médiatique. Puis les responsables craignirent d'être ridiculisés.

Qu'on se moque de la NASA était la pire chose qui puisse arriver à l'institution. Alors ils avançaient à reculons mais le projet fut finalement mené à son terme. La volonté d'aboutir de Simon Katz était si tenace qu'elle vint à bout de tous les obstacles.

---

1. Personnages puissants et influents.

65 La navette spatiale fut conçue comme un gigantesque réfrigérateur. Une couche de céramique emprisonnait un réseau de tuyaux d'eau réfrigérée par des pompes électriques. La coque était recouverte d'amiante et de matériaux réfléchissants.

Icare, vaisseau spatial de 200 mètres de long, ressemblait à un gros
70 avion-fusée.

Pourtant, la zone habitable fut réduite à un cockpit de 50 m² : son épaisseur n'était due qu'au système de protection antithermique.

Le départ eut lieu sous l'œil des caméras internationales. Les premiers cent mille kilomètres se passèrent plutôt bien. Mais Simon s'aperçut
75 qu'il avait eu une mauvaise idée en conservant un hublot dans le cockpit. La lumière solaire brûlait tout ce qu'elle atteignait.

Ils durent improviser des filtres, plusieurs couches même, pour couvrir ce puits d'incandescence. En vain. Malgré les multiples strates de plastique, la lumière solaire parvenait à passer et inondait l'intérieur
80 d'*Icare* d'une clarté aveuglante.

Les quatre membres d'équipage portaient en permanence des lunettes de soleil. L'expédition prit des allures estivales. Soucieux de détendre l'atmosphère, Simon proposa même de remplacer les tenues de travail en toile épaisse par des chemisettes hawaiiennes en coton.
85 Il poussa le souci du détail jusqu'à diffuser en permanence des airs hawaiiens interprétés au ukulélé.

– Personne ne pourra prétendre avoir connu des vacances plus… ensoleillées ! remarqua-t-il avec espièglerie.

Simon savait entretenir le moral de son équipage.

90 Et ils approchèrent du Soleil.

Le système de réfrigération fut poussé à son maximum et pourtant la chaleur augmentait sans cesse dans la fusée *Icare*.

– Selon mes calculs, dit Pamela en passant le tube de crème à Lucille qui redoutait les coups de soleil, nous sommes entrés dans la zone dangereuse.
95 Il suffirait d'une seule éruption solaire pour que nous soyons grillés.

– Certes il y a toujours une part de chance et de malchance, reconnut Simon. Mais pour l'instant, nous sommes quand même les humains s'étant le plus approchés du Soleil.

Ils regardèrent en direction du hublot. On pouvait discerner des
100 taches solaires à travers l'épaisseur des filtres qu'ils avaient positionnés une fois pour toutes devant le hublot.

– Que sont ces taches ? demanda le biologiste.

– Des zones « légèrement » plus froides. La température y est de 4 000 °C au lieu de 6 000 °.

105 – De quoi griller vite fait une pintade, soupira Pamela, soudain pessimiste malgré son teint hâlé et sa chemise fleurie qui lui donnaient des allures de touriste californienne.

– Croyez-vous vraiment que nous puissions aller plus loin ? demanda Pierre. Pour ma part, j'en doute fort.

110 Simon reprit ses troupes en main.

– N'ayez pas d'inquiétude, j'ai tout prévu. J'ai embarqué des tenues de vulcanologue capables de résister au contact du plasma[1] en fusion !

– Vous voulez qu'on marche sur le Soleil ?

– Bien sûr ! Pas longtemps certes, mais il faut le faire, ne serait-ce
115 que pour le symbole. Le projet Icare est beaucoup plus ambitieux qu'il n'y paraît.

---

1. Matière gazeuse.

Lucille signala que les champs électromagnétiques inhérents au Soleil étaient à présent d'une puissance telle que les contacts radio avec la Terre étaient perturbés.

120   — Bon, admit Simon avec fatalisme, nous ne pourrons pas retransmettre d'images en direct. Tant pis, nous diffuserons une vidéo à notre retour. Du moins si elle ne fond pas d'ici là…

Il regarda à travers le hublot bouché. Une éruption solaire se produisait à la surface de la planète en fusion. Comme un grand jet de

125   magma[1], un crachat que leur lançait l'étoile.

Icare était tellement assailli de rayons lumineux qu'il étincelait comme une étoile. Les astronomes du monde entier crurent d'ailleurs un instant qu'une étoile venait d'apparaître à la périphérie du Soleil, avant d'identifier *Icare*.

130   À bord, la température ne cessait de monter.

Au début, les quatre membres d'équipage avaient tenu à conserver leurs vêtements, mais bien vite ils furent incapables de supporter le moindre contact avec un tissu. Ils vécurent donc nus, lunettes de soleil sur le nez, comme dans un camp naturiste de la Côte d'Azur, tous

135   quatre de plus en plus bronzés. Par chance, Pamela avait emporté tout un stock de crème protectrice.

Le matin, tout le monde se régalait de toasts. Ils déjeunaient ensuite de brochettes barbecue (un simple contact avec le métal près du hublot suffisait pour les cuire) et, selon ce qui se présentait, d'omelettes norvégiennes,

140   de crème brûlée ou crêpes flambées, et de café chaud. Quant à la machine à glaçons, elle était réglée définitivement sur sa production maximale.

---

1. Masse minérale pâteuse en fusion qui s'écoule des volcans en éruption.

Pierre avait réclamé de grands containers réfrigérés bourrés de crèmes glacées et cette gourmandise devint peu à peu leur principale source d'alimentation.

145   Lucille recherchait tous les moyens d'apporter un effet de fraîcheur à l'intérieur de l'habitacle. Elle proposait à tout le monde des fleurs de sel à suçoter pour ne pas se déshydrater.

Ils souffraient de la chaleur mais savaient qu'ils participaient à un événement historique. Et puis, comme disait Simon :

150   – Certains payent pour passer des heures dans un sauna, nous, nous pouvons en profiter tous les jours.

Ceux qui avaient les lèvres les moins gercées rirent de sa plaisanterie.

Pamela eut l'idée de bricoler des éventails. Lorsque l'on apprécie aussi vivement la moindre baisse de température, un coup d'éventail 155 rafraîchissant est une bénédiction.

Mais plus ils approchaient de l'astre, plus la chaleur les accablait, moins ils parlaient, et moins ils bougeaient.

Sur Terre, leurs exploits passionnaient le monde. On les savait toujours vivants. On savait qu'*Icare* n'avait pas fondu et que son équipage 160 avait même poussé l'ambition jusqu'à vouloir tenter de poser le pied sur l'astre de feu.

Évidemment, les scientifiques avaient longuement expliqué que le Soleil n'avait pas de surface, qu'il ne s'agissait que d'une explosion atomique permanente, mais l'image d'un être humain sortant de la fusée 165 pour frôler les flammes du pied était suffisamment spectaculaire pour impressionner tous les esprits.

Le 23e jour de voyage s'écoula. Simon lui-même n'en revenait pas, mais ils étaient toujours vivants ! Ils examinèrent leurs cartes. Pas de doute, ils avaient déjà franchi 50 millions de kilomètres, il ne leur en
170 restait plus que… 100 petits millions à parcourir.

Ils longèrent Vénus. La planète d'amour était voilée. Malgré sa brillance, on distinguait mal sa surface, derrière l'épaisse atmosphère de vapeurs sulfureuses.

Ils quittèrent la planète blanche. Et le 46e jour de voyage, ils avaient
175 franchi 100 millions de kilomètres, il n'en restait plus que 50 avant l'arrivée.

Ils dépassèrent la planète Mercure et constatèrent que sa surface ressemblait à du verre. Le feu avait dû la faire fondre jusqu'à lui donner cette allure polie de boule de billard.
180 Ils saluèrent la planète chaude.

– La température de Mercure s'élève à plus de 400 °C, remarqua Pierre.

– Nous ne pourrions y descendre sans nous carboniser comme des papillons qui se brûleraient les ailes en s'approchant trop d'une flamme, rappela Simon.
185 Face à eux l'étoile titanesque continuait de les narguer. Il n'y avait désormais plus aucun objet céleste entre eux et le Soleil. À bord il faisait plus de 45 °C. Le système de réfrigération avait de plus en plus de difficulté à fonctionner mais ils commençaient à s'habituer à cette chaleur extrême. Ils trouvèrent une sorte de second souffle.
190 Plus que 10 millions de kilomètres avant l'objectif.

Pierre avait le regard rivé sur le hublot.

– Je rêve de revoir une fois la nuit, marmonna-t-il. Si je reviens jamais sur Terre, j'ai hâte de revivre l'instant où cette énorme lampe cesse enfin d'éclairer. Oh oui, un instant de répit.

195   Il avala d'un trait sa chope de café bouillant. Sa langue ne percevait plus ni le chaud ni le froid.

— Pour ma part je n'irai plus jamais bronzer sur une plage, déclara Lucille, qui ressemblait de plus en plus à une métisse.

— De toute manière je pense que ce genre de bronzage tiendra longtemps
200   après la fin des vacances, plaisanta Pamela, à la peau encore plus foncée.

— Dis donc, tu n'avais pas les cheveux lisses avant le départ ? interrogea Lucille.

— Si, pourquoi ?

— Tu es frisée comme un mouton.

205   Ils éclatèrent d'un rire économe mais nerveux. Ils se regardèrent, tous profondément hâlés, les cheveux frisés par l'air sec et chaud, les lèvres démesurément enflées à force d'avoir été écorchées. Quelle allure ! Simon admira les longues jambes galbées et dorées de Pamela et soudain, il eut envie de l'étreindre. Pierre ressentait le même attrait
210   pour Lucille. Ils n'avaient pas connu de contact avec un autre épiderme depuis bien longtemps.

Lorsque le stock d'esquimaux glacés, d'eau à fabriquer des glaçons fut épuisé, le moral baissa dans le cockpit.

Ils avaient eu de la chance jusque-là, mais elle semblait vouloir tour-
215   ner. Alors que Pamela s'éventait avec force en quête du moindre souffle d'air, l'objet qu'elle tenait en main s'embrasa d'un coup. Lucille vit avec horreur le vernis de ses ongles s'enflammer et dut lui plonger les doigts dans un sac de sable.

Ils n'étaient plus qu'à quelques milliers de kilomètres du Soleil.

220   À bord, la température grimpait avec régularité. Leurs lunettes noires devenaient insuffisantes face à une si vive lumière.

Lorsque l'engin approcha du Soleil, Simon en sortit une bien bonne :

– Vous ne trouvez pas qu'il fait chaud aujourd'hui ?

Ils en rirent de bon cœur.

225   Simon décida que leurs premiers pas sur l'astre s'effectueraient dans une zone de taches. Pierre enfila une tenue de vulcanologue, activa le système de réfrigération portatif, puis sortit, brandissant un drapeau terrien. Tous lui souhaitèrent bonne chance. Un filin de sécurité en acier lui permettrait de revenir à n'importe quel moment.

230   Dans leur talkie-walkie, ils captèrent des paroles historiques :

– Je suis le premier homme à fouler le Soleil et je vais y planter le drapeau de ma planète.

Simon, Lucille et Pamela applaudirent en évitant de frapper des mains pour ne pas provoquer d'échauffement.

235   Pierre lâcha le drapeau dans le brasier solaire où il s'enflamma aussitôt.

Simon lui demanda :

– Vois-tu quelque chose ?

– Oui… Oui… C'est incroyable… Il… Il… Il y a des… habitants !

240   Grésillements.

– Ils viennent vers moi…

Ils entendirent un long soupir. Le corps de Pierre venait de s'embraser. À bord, ils ne perçurent, dans leurs tympans asséchés, qu'un fsschhh semblable à un froissement de feuilles mortes.

245   La tenue de vulcanologue n'obtiendrait jamais le label de garantie de la NASA. Ils ramenèrent le filin de sécurité dont le bout était fondu.

Lucille se signa :

– … Que ton âme monte vers un ciel « noir et froid ».

Ce qui, à cet instant, lui sembla un véritable vœu pieux.

250   Simon faillit taper du poing sur la paroi de l'*Icare*. Il se ravisa à temps. Éviter tout frottement.

– Je veux en avoir le cœur net, expliqua-t-il.

Il se dirigea vers le placard à vêtements et, du bout des doigts, enfila à son tour une tenue de vulcanologue.

255   – Ne sors pas, dit Pamela.

– Tu mourras toi aussi, l'avertit Lucille.

– Mais s'il y a vraiment des habitants du Soleil, comment les appeler ? Pourquoi pas des… Soliens ! On recherche vainement depuis toujours des Martiens, des Vénusiens, et les extraterrestres seraient là, dans

260   le point le plus brûlant du ciel. Des Soliens ! Des Soliens !

Simon sortit dans le feu. Il observa de grandes bourrasques de magma orange. Il ne s'agissait ni de gaz ni de liquides, mais de chaleur à l'état pur, intense. À côté de cette chaleur-là, même l'habitacle caniculaire lui semblait maintenant frais.

265   Sous sa combinaison, sa peau rissolait. Il sut qu'il ne disposait que de quelques minutes pour découvrir les habitants du Soleil. Il avança péniblement dans la limite autorisée par le filin de sécurité. S'il ne se passait rien dans les trois prochaines minutes, il regagnerait le vaisseau. Pas question de se calciner comme Pierre. Simon ne ressentait nulle envie

270   de devenir martyr, il désirait seulement, éperdument, passionnément, se livrer à des expériences scientifiques audacieuses. Or un scientifique mort est un scientifique qui a échoué.

Il consulta avec appréhension sa montre. Elle explosa en une multitude d'éclats en fusion.

275   Ce fut à ce moment qu'il « les » distingua. Ils étaient là, comme autant de volutes irréelles. Des Soliens. Ils avaient l'apparence de bouf-

fées de plasma animées, de grands papillons aux voilures orange. Ils pouvaient communiquer par télépathie.

Ils s'entretinrent avec Simon, pas assez longtemps cependant pour qu'il
280 s'enflamme. Ensuite le Soleillonaute hocha la tête et retourna vers *Icare*.

— Fantastique, dit-il par la suite à Pamela. Ces êtres de feu vivent sur le Soleil depuis des milliards d'années. Ils possèdent leur langage, leur science, leur civilisation propres. Ils baignent dans le feu solaire sans la moindre gêne.

285 — Qui sont-ils ? Quels sont leurs modes de vie ?
Simon fit un vague geste de la main.

— Ils m'ont tout raconté en échange de ma promesse de ne rien divulguer aux hommes. Le Soleil doit rester « *terra incognita*[1] ». Nous devons le protéger des perpétuelles visées expansionnistes des Terriens.

290 — Tu plaisantes ?

— Pas le moins du monde. Ils ne nous laissent repartir que parce que j'ai juré de garder le secret sur tout ce qu'ils m'ont appris. Je ne me délierai jamais de mon serment.

Simon contempla la lumière crue à travers les protections du hublot.

295 — Choisir Icare pour nommer cette mission était somme toute une idée stupide. Comment s'appelle cet oiseau qui renaît toujours de ses cendres… ?

— Le phénix, dit Pamela.

— Oui, le phénix. L'expédition Phénix. C'est ainsi que nous aurions
300 dû la baptiser.

---

1. Expression latine désignant un territoire encore inexploré.

RAY BRADBURY (1920-2012)
« Celui qui attend », *Les Machines à bonheur*, 1951.

L'un des principaux motifs de la science-fiction est la rencontre de l'homme avec les Martiens. Ray Bradbury lui consacre son chef-d'œuvre, Chroniques martiennes, *paru en France en 1954. Dans « Celui qui attend », le voyage spatial se transforme en une tragique odyssée...*

Je vis dans un puits. Je vis comme une fumée dans un puits, comme un souffle dans une gorge de pierre. Je ne bouge pas. Je ne fais rien, qu'attendre. Au-dessus de ma tête j'aperçois les froides étoiles de la nuit et les étoiles du matin – et je vois le soleil. Parfois je chante de vieux
5 chants de ce monde au temps de sa jeunesse. Comment dire ce que je suis, quand je l'ignore ? J'attends, c'est tout. Je suis brume, clair de lune, et souvenir. Je suis triste et je suis vieux. Parfois je tombe vers le fond comme des gouttes de pluie. Alors des toiles d'araignée tressaillent à la surface de l'eau. J'attends dans le silence glacé ; un jour viendra où je
10 n'attendrai plus.

En ce moment c'est le matin. J'entends un roulement de tonnerre. Je sens de loin l'odeur du feu. J'entends un craquement de métal. J'attends, j'écoute.

Au loin, des voix.
15 – Tout va bien.

Une voix. Une voix d'ailleurs – une langue étrangère que je ne connais pas. Aucun mot ne m'est familier. J'écoute :

– Faites sortir les hommes !

Un crissement dans le sable cristallin.

20   — Mars ! C'est donc bien ça !

— Où est le drapeau ?

— Le voilà, mon capitaine.

— Parfait, parfait.

Le soleil brille haut dans le ciel bleu, ses rayons d'or emplissent le
25 puits, et je reste suspendu, tel un pollen de fleur, poudroyant dans la
chaude lumière.

Des voix.

— Au nom du Gouvernement de la Terre, je proclame ce sol
Territoire Martien. Il sera partagé à égalité entre les nations-membres.
30 Qu'est-ce qu'ils disent ? Je tourne au soleil comme une roue, invi-
sible et paresseuse, une roue d'or au mouvement sans fin.

— Qu'est-ce que c'est que ça ?

— Un puits.

— Non.

35   — Mais si pourtant.

L'approche d'une chaleur. Trois objets qui se penchent au-dessus de
l'orifice du puits, et ma fraîcheur qui jaillit jusqu'à eux.

— Splendide.

— Tu crois que c'est de l'eau potable ?

40   — On va bien voir.

— Que l'un de vous aille chercher une éprouvette et un fil de ligne[1].

— J'y vais.

Le bruit d'une course. Le retour.

— Nous voilà.

45 J'attends.

---

1. Fil de pêche.

— Faites descendre. Allez-y doucement.

Le verre brille là-haut, suspendu à un fil.

L'eau se ride légèrement tandis que le tube se remplit. Je monte dans l'air chaud, vers l'orifice du puits.

50 — Et voilà. Vous voulez goûter cette eau, Regent ?

— Pourquoi pas ?

— Quel puits magnifique. Regardez cette construction. Quel âge lui donnez-vous ?

— Qui peut savoir ? Hier, quand nous nous sommes posés dans cette
55 autre ville, Smith a dit qu'il n'y avait plus de vie sur Mars depuis dix mille ans.

— Imaginez un peu !

— Qu'est-ce qu'elle vaut, Regent, cette eau ?

— Pure comme l'argent. Buvez-en un verre.

60 Le bruit de l'eau sous le soleil brûlant. Maintenant je plane sur le vent léger comme une poussière, comme un grain de cannelle.

— Qu'est-ce qu'il se passe, Jones ?

— Je ne sais pas. J'ai terriblement mal à la tête. Tout d'un coup.

— Vous avez déjà bu ?

65 — Non, pas encore. J'étais penché au-dessus du puits et soudain ma tête s'est fendue en deux…

Je me sens déjà mieux. Maintenant je sais qui je suis. Je m'appelle Stephen Leonard Jones, j'ai 25 ans. Je viens d'arriver en fusée d'une planète appelée Terre et je me trouve avec mes camarades Regent et
70 Shaw auprès du vieux puits sur la planète Mars. Je regarde mes doigts dorés, tannés et vigoureux. Je regarde mes grandes jambes, mon uniforme argent, et mes deux amis. Ils me demandent : « Qu'est-ce qui ne va pas Jones ? » Rien, fais-je en les regardant, rien du tout. C'est bon,

ce que je mange. Il y a dix mille ans que je n'avais pas mangé. Cela fait
75   un merveilleux plaisir à la langue et le vin que je bois avec me réchauffe.
J'écoute le bruit des voix. Je forme des mots que je ne comprends pas
– et que je comprends pourtant d'une façon différente. J'éprouve la
qualité de l'air.

    – Qu'est-ce qu'il se passe, Jones ? Je secoue cette tête – ma tête – je
80   repose mes mains qui tiennent les couverts d'argent – je ressens tous les
éléments de ce qui m'entoure.

    – Qu'est-ce que vous voulez dire ? demande cette voix, cette chose
nouvelle qui m'appartient.

    – Vous respirez drôlement, vous toussez… dit l'autre homme.
85   Je prononce très distinctement.

    – Peut-être un petit coup de froid.

    – Il faudra voir le docteur.

    Je hoche la tête et c'est bon. C'est bon de faire toutes sortes de choses,
après dix mille ans. C'est bon de respirer l'air, c'est bon, le soleil qui
90   pénètre la chair, c'est bon de sentir l'architecture d'ivoire, le squelette
parfait qui se cache sous la chair tiède, c'est bon d'entendre les sons bien
plus distinctement, bien plus directement, que du tréfonds[1] d'un puits
de pierre. Je reste assis, ravi.

    – Sortez de là, Jones. Décrochez. On doit s'en aller.
95   – Oui, dis-je, hypnotisé par la façon dont ce petit mot se forme sur
ma langue telle une bulle d'eau, et tombe dans l'espace avec une tranquille beauté.

    Je marche, c'est bon de marcher. Je me sens haut ; le sol quand je le
regarde me paraît très loin de mes yeux, de ma tête. C'est comme si je
100 demeurais sur le haut d'une jolie falaise où il ferait bon vivre.

---

1. Du plus profond.

Regent se tient au bord du puits de pierre et regarde le fond. Les autres sont repartis en murmurant vers le vaisseau d'argent qui les a menés là. Je sens les doigts de ma main et le sourire de ma bouche. Je dis :

105   – C'est profond.

– Oui.

– Ça s'appelle un Puits d'Âme.

Regent relève la tête et me regarde :

– Comment le savez-vous ?

110   – Est-ce que ça n'y ressemble pas ?

– Je n'ai jamais entendu parler de Puits d'Âme.

– C'est, dis-je en lui touchant le bras, un endroit où les choses en attente, les choses qui ont eu corps un jour, attendent, attendent…

Dans la chaleur brûlante du jour, le sable est de feu, le vaisseau une
115 flamme d'argent. C'est bon de sentir la chaleur – le bruit de mes pas sur le sable dur. J'écoute – le bruit du vent, les vallées brûlant au soleil – je sens l'odeur de la fusée qui bout sous les feux du zénith. Quelqu'un dit :

– Où est Regent ?

Je réponds :

120   – Je l'ai vu près du puits.

L'un des hommes part en courant vers le puits, et voici que je commence à trembler. C'est d'abord un frisson léger, caché tout au fond de mon corps, mais qui bientôt gagne en violence. Et pour la première fois je l'entends, la voix, comme si elle aussi se cachait dans un puits.
125 C'est une toute petite voix, grêle et apeurée, qui appelle dans l'abîme de mon cœur. Et elle crie : *Laissez-moi sortir, laissez-moi sortir,* et j'éprouve l'impression qu'il y a quelque chose qui essaie de se libérer, qui heurte

pesamment des portes de labyrinthe, qui se rue à travers des galeries obscures en les remplissant de l'écho de ses cris.

130 — Regent est dans le puits !

Les hommes accourent ; je les suis mais maintenant je me sens bien malade. Mes tremblements ont redoublé de violence.

— Il a dû tomber, vous étiez avec lui. Vous l'avez vu tomber, Jones ? Allons, dites quelque chose, mon bonhomme.

135 — Jones, qu'est-ce qui ne va pas ?

Mais je tremble si fort que je tombe sur les genoux.

— Il est malade. Qu'on m'aide à le soutenir.

— Le soleil…

Je dis dans un murmure :

140 — Non, non – pas le soleil.

On m'allonge. Mes muscles se nouent et se détendent comme parcourus d'ondes telluriques[1], et la voix ensevelie crie en moi : *C'est Jones, c'est moi, ce n'est pas lui, ce n'est pas lui, ne le croyez pas, laissez-moi sortir* – je regarde les silhouettes qui se tiennent penchées au-dessus de moi et

145 mes paupières papillotent[2] – on me tâte les poignets.

— Le cœur bat très vite.

Je ferme les yeux. Les frissons s'apaisent. Les cris cessent. Je me relève, libéré, comme dans la fraîcheur d'un puits. Quelqu'un dit :

— Il est mort.

150 — Jones est mort.

— De quoi ?

— Un choc, à ce qu'on dirait.

— Quelle sorte de choc ? fais-je.

---

1. Qui proviennent de l'écorce terrestre.
2. Clignent, tremblotent.

Et voici que je m'appelle Sessions, je parle d'un ton sec et nerveux,
155 je suis le capitaine de ces hommes qui m'entourent – je me tiens parmi
eux, regardant à mes pieds un corps gisant qui refroidit sur le sable – je
serre mon crâne à deux mains.

– Capitaine !

– Ce n'est rien, m'écriai-je, et j'ajoute en murmurant : rien qu'une
160 migraine. Ce sera fini dans un instant. Là ! là ! tout va bien à présent.

– On ferait mieux de ne pas rester au soleil, mon capitaine.

– C'est vrai, dis-je regardant Jones étendu sur le sol. Nous n'aurions
jamais dû venir. Mars ne veut pas de nous. Nous ramenons le corps
jusqu'à la fusée – et une nouvelle voix appelle du fond de moi et implore
165 qu'on lui rende la liberté.

Au secours, au secours. L'écho suppliant monte des catacombes[1]
moites du corps – au secours, au secours – monte des abysses[2] rouges.

Cette fois le tremblement commence beaucoup plus tôt. Son
contrôle devient plus difficile.

170 – Mon capitaine, vous feriez mieux de vous mettre à l'abri du soleil.
Vous n'avez pas l'air très bien.

– Mais si… dis-je, aidez-moi je vous en prie, dis-je aussi.

– Pardon, mon capitaine.

– Je n'ai rien dit.

175 – Vous avez dit « au secours », puis « aidez-moi », mon capitaine.

– Vous croyez, Matthews, vous croyez ?

On étend le corps à l'ombre de la fusée et la voix crie toujours au
fond des cavernes sous-marines de la mer écarlate. Mes mains tressaillent. Mes lèvres sèchent et se fendent – mes narines se figent, dilatées.

---

1. Abîme, cavité profonde.
2. Fosse, abîme.

180 Mes yeux roulent. *Au secours, au secours – Ô par pitié, pitié, non, non, non ! Laissez-moi sortir, non ! non !*

Je répète « non ! non ! »

– Vous avez parlé, mon capitaine ?

– Ce n'est rien, – dis-je – il faut que je me sorte de là, et je colle
185 brusquement ma main contre ma bouche.

– Comment cela, mon capitaine ? s'écrie Matthews.

Je hurle : Rentrez là-dedans, tous, et retournez sur la Terre !

Dans ma main je tiens un revolver. Je le dresse.

– Non ! mon capitaine !
190 Une détonation. Des ombres qui courent. Le cri s'est tu. On entend le sifflement d'une chute à travers l'espace.

Comme c'est bon de mourir, après dix mille ans. Comme c'est bon de ressentir cette fraîcheur soudaine, cette détente. Comme c'est bon d'être comme une main à l'intérieur d'un gant, qui s'étire et devient
195 merveilleusement froide dans le sable chaud. Oh ! la quiétude, oh ! la beauté de la mort qui rassemble tout ce qui était séparé, dans la nuit noire et profonde. Mais c'est trop beau pour durer.

Un craquement, un bruit sec.

– Oh ! mon Dieu, il s'est tué, m'écriai-je ; j'ouvre les yeux, et je vois le
200 capitaine gisant au pied de la fusée, le crâne fracassé par ma balle, les yeux grands ouverts, la langue prise entre ses dents blanches. Le sang coule de sa tête. Je me penche sur lui, je le touche. « L'imbécile, pourquoi a-t-il fait ça ? »

Les hommes sont pénétrés d'horreur. Ils restent là, debout, veillant leurs deux morts, et ils tournent la tête vers les sables de Mars, vers le
205 puits lointain où Regent barbote dans l'eau profonde. Une sorte de croassement sort de leurs bouches desséchées, un geignement, une pro-testation puérile contre le rêve atroce.

Ils se tournent vers moi.

Au bout d'un long moment, l'un d'eux s'adresse à moi :

210 – C'est à vous, Matthews, d'être notre capitaine.

Et je réponds lentement :

– Oui, je sais.

– Nous ne sommes plus que six.

– Mon Dieu, ça s'est passé si vite !

215 – Je n'ai aucune envie de rester ici, allons-nous-en !

Les hommes se mettent à parler à grand bruit. Je m'approche d'eux, je les touche, avec une assurance qui chante presque en moi. « Écoutez », dis-je en touchant leur coude, ou leur bras, ou leur main.

Nous nous taisons tous.

220 Nous sommes un.

Non, non, non, non, non, crient au fond de nous les petites voix, prisonnières sous nos masques.

Nous nous regardons les uns les autres. Nous nous appelons Samuel Matthews, Raymond Moses, William Spaulding, Charles Evans et 225 Forrest Cole, et John Summers, et nous ne disons rien. Nous nous regardons – seulement – avec nos visages blancs et nos mains tremblantes.

Nous nous retournons ensemble – nous ne faisons qu'un et nous regardons du côté du puits. Et nous disons d'une seule bouche : « C'est le moment. »

230 *Non, non, non*, crient six voix déchirées, cachées, tassées, murées à tout jamais.

Nos pieds avancent sur le sable. On dirait une grande main à douze doigts se glissant sur le fond d'une mer brûlante. Nous nous penchons sur la margelle du puits, et nous regardons ; du fond de l'abîme de fraî-235 cheur six visages nous renvoient notre regard. L'un après l'autre, nous

nous penchons jusqu'à perdre l'équilibre. L'un après l'autre, nous basculons au-dessus de la bouche béante et nous nous enfonçons à travers l'obscurité fraîche, vers l'eau glacée.

Le soleil se couche. Les étoiles glissent sur le ciel de la nuit. Bien loin, 240 clignote une lueur. C'est une autre fusée qui arrive, laissant un sillage rouge dans l'espace.

Je vis dans un puits. Je vis comme une fumée dans un puits. Comme une haleine dans une gorge de pierre. Là-haut, j'aperçois les froides étoiles de la nuit, et celles du matin ; j'aperçois aussi le soleil – et par-245 fois je chante de vieux chants de ce monde au temps de sa jeunesse. Comment pourrais-je dire ce que je suis quand moi-même je l'ignore ?

J'attends – c'est tout.

JACK LEWIS
« Qui a copié ? », 1953.

Principalement connu pour ce texte étrange publié dans le magazine améri-cain Startling Stories *en 1953, Jack Lewis narre, à travers une inquiétante correspondance, les mésaventures d'un auteur en proie à l'espace-temps…*

2 avril 1952

M. Jack Lewis
90-26 219ᵉ Rue
Queens Village, N.Y.

⁵   Cher M. Lewis,

Nous vous retournons votre manuscrit intitulé *La Neuvième Dimension*. À première vue, j'avais jugé cette histoire digne d'être publiée. Pourquoi pas ? C'était aussi ce qu'avaient pensé les éditeurs de *Cosmic Tales* en 1934 quand ce récit est paru pour la première fois.

¹⁰   Comme vous le savez certainement, c'est le grand Todd Thromberry qui est l'auteur de la nouvelle que vous avez voulu nous faire prendre pour une de vos œuvres originales. Je me permets de vous donner un petit avertissement, concernant les peines encourues pour plagiat[1].

Ça ne vaut pas le coup. Croyez-moi.

¹⁵   Je vous prie d'agréer, cher M. Lewis, mes sentiments les meilleurs,

Doyle P. Gates
Rédacteur en chef
Deep Space Magazine

---

1. Action de copier le texte d'un autre auteur.

5 avril 1952

M. Doyle P. Gates
Deep Space Magazine
New York, N.Y.

Cher M. Gates,

Je ne connais aucun Todd Thromberry et n'en ai jamais entendu parler. La nouvelle que vous avez refusée a été soumise en toute bonne foi, et je n'apprécie guère votre allusion, m'accusant de plagiat.

La Neuvième Dimension a été écrite par moi-même il y a à peine un mois et s'il existe une similitude entre cette histoire et celle qu'a écrite ce Thromberry, c'est une pure coïncidence.

Cependant, cela m'a donné à penser. Il y a quelque temps, j'ai soumis une autre nouvelle à *Stardust Science Fiction*, et j'ai reçu une lettre de refus avec une note manuscrite au crayon indiquant que l'histoire était « trop thromberresque ».

Qui diable est Todd Thromberry ? Je ne me souviens pas d'avoir lu quelque chose de lui depuis dix ans que je m'intéresse à la science-fiction.

Sincèrement vôtre,

Jack Lewis

11 avril 1952

40 M. Jack Lewis
90-26 219ᵉ Rue
Queens Village, N.Y.

Cher M. Lewis,

En réponse à votre lettre du 5 avril, je tiens à vous préciser que les
45 éditeurs de ce magazine n'ont pas l'habitude de porter des accusations
formelles et savent fort bien qu'en littérature il existera toujours des
rencontres d'idées d'intrigues. Mais il nous est très difficile de croire que
vous n'êtes pas familiarisé avec les ouvrages de Todd Thromberry.

Si M. Thromberry n'est plus parmi nous, ses œuvres, comme celles de
50 beaucoup d'autres auteurs, n'ont été largement appréciées par le public
qu'après sa mort en 1941. Peut-être était-ce ses travaux dans le domaine
de l'électronique qui lui fournissaient cette source inépuisable d'idées
si apparentes dans tous ses ouvrages. Néanmoins, même à ce stade du
développement de la science-fiction il est manifeste qu'il avait un style
55 que beaucoup de nos prétendus auteurs contemporains feraient bien
d'imiter. Par « imiter », je ne veux pas dire récrire mot pour mot une ou
plusieurs de ses nouvelles, comme vous l'avez fait. Car vous avez beau
prétendre que cela a été accidentel, vous devez bien comprendre que l'in-
tervention d'un tel phénomène est sûrement un million de fois plus rare
60 que l'apparition de quatre quintes flush[1] au cours d'une même donne[2].

Navré, mais nous ne sommes pas aussi naïfs.

Veuillez agréer, M. Lewis, mes salutations distinguées,

Doyle P. Gates
Deep Space Magazine

---

1. Au poker, tirage de cinq cartes de même couleur et de valeurs se suivant.
2. Cartes dont dispose un joueur après la distribution.

14 avril 1952

M. Doyle P. Gates
Deep Space Magazine
New York, N.Y.

Monsieur,

Vos accusations sont typiques du torchon[1] que vous publiez.
Je vous prie d'annuler immédiatement mon abonnement.
Sincèrement vôtre,

Jack Lewis

14 avril 1952

Science Fiction Society
144 Front Street
Chicago, Ill.

Messieurs,

Je serais très intéressé par la lecture de quelques-unes des œuvres du
regretté Todd Thromberry.

J'aimerais me procurer certains des magazines qui ont publié ses
nouvelles.

Respectueusement vôtre,

Jack Lewis

---

1. Expression péjorative pour parler d'un journal ou d'un magazine qu'on considère comme mauvais.

85   22 avril 1952

M. Jack Lewis
90-26 219ᵉ Rue
Queens Village, N.Y.

Cher M. Lewis,

Nous aussi. Tout ce que je puis vous suggérer, c'est de prendre
contact avec les éditeurs s'il en est qui sont encore en activité, ou de
hanter les librairies spécialisées dans le livre d'occasion.

Si vous réussissez à vous procurer ces magazines, soyez assez aimable
pour nous le faire savoir. Nous vous les paierons au prix fort.

Bien à vous,

Ray Albert
Président
Science Fiction Society

11 mai 1952

M. Sampson J. Gross, Éditeur
Strange Worlds Magazine
St. Louis, Missouri.

Cher M. Gross,

Veuillez trouver ci-inclus le manuscrit d'une nouvelle que je viens de
terminer. Comme vous pouvez le voir, elle s'intitule *Démolisseurs de dix
millions de galaxies.* À cause des recherches intensives qu'elle a exigées,
je dois fixer le prix minimum de celle-ci à deux cents le mot au moins.

Dans l'espoir que vous la jugerez digne d'être publiée dans votre magazine, je vous prie de croire, cher monsieur, à mes sentiments respectueux.

Jack Lewis

19 mai 1952

M. Jack Lewis
90-26 219e Rue
Queens Village, N.Y.

115   Cher M. Lewis,

J'ai le regret de vous annoncer que nous ne pouvons pour le moment utiliser les *Démolisseurs de dix millions de galaxies*. C'est une histoire remarquable, certes, et si nous décidons un jour de la publier, nous libellerons[1] le chèque de la réimpression au nom de la succession de
120   Todd Thromberry.

Ce type savait vraiment écrire.

Cordialement vôtre,

Sampson J. Gross
Strange Worlds Magazine

125   23 mai 1952

M. Doyle P. Gates
Deep Space Magazine
New York, N.Y.

Cher M. Gates,

130   J'ai dit que je ne voulais plus rien avoir à faire avec votre magazine et vous-même, mais il se présente une situation des plus déconcertantes.

Il semblerait que toutes mes nouvelles me sont renvoyées pour la simple raison que, à l'exception de la signature, elles sont des répliques exactes des œuvres de ce Todd Thromberry.

---

1. Inscrirons le destinataire.

135   Dans votre dernière lettre vous avez fort adroitement décrit les chances d'une rencontre accidentelle et de l'apparition de ce phénomène, dans le cas d'une seule nouvelle. Quelles seraient, selon vous, les chances approximatives dans le cas de pas moins d'une demi-douzaine de mes œuvres ?

140   Je suis d'accord avec vous : astronomiques !

Cependant, dans l'intérêt de toute l'humanité, comment puis-je vous faire comprendre que chaque mot que je vous ai soumis a été réellement écrit *par moi* ? Je n'ai jamais plagié une seule phrase de Todd Thromberry, pas plus que je n'ai lu une seule de ses œuvres. En fait,
145 comme je vous le disais dans une de mes lettres, jusqu'à ces derniers temps je n'avais jamais entendu parler de lui.

Une idée m'est cependant venue. C'est une hypothèse réellement étrange, et que je n'oserais probablement soumettre à personne, sauf à un éditeur de science-fiction. Mais supposons – simple supposition –
150 que ce Thromberry, avec son expérience de l'électronique et de tout, ait réussi par quelque moyen à franchir cette barrière d'espace-temps si souvent évoquée dans votre magazine. Et supposons – aussi égocentrique[1] que cela puisse paraître – qu'il ait choisi mes œuvres, comme étant le type de choses qu'il avait toujours rêvé d'écrire.

155   Commencez-vous à me suivre ? Ou bien l'idée d'une personne d'un cycle temporel différent qui regarde par-dessus mon épaule quand j'écris est-elle trop fantastique pour vous ?

Je vous serais reconnaissant de m'écrire pour me dire ce que vous pensez de mon hypothèse.

160   Respectueusement vôtre,

Jack Lewis

---

1. Nombriliste, centré sur soi-même.

25 mai 1952

M. Jack Lewis
90-26 219ᵉ Rue
Queens Village, N.Y.

Cher M. Lewis,
Nous pensons que vous devriez consulter un psychiatre.
Sincèrement vôtre,

Doyle P. Gates
Deep Space Magazine

3 juin 1952

M. Samuel Mines
Directeur de *Science Fiction Standard Magazines Inc.*
New York 16, N.Y.

Cher M. Mines,
Si les textes ci-joints ne forment pas à proprement parler un manuscrit, je vous soumets cette suite de lettres, doubles et correspondance, dans l'espoir que vous pourrez accorder quelque crédibilité à cette situation apparemment incroyable.

Les lettres ci-jointes sont toutes classées dans leur ordre chronologique et devraient s'expliquer d'elles-mêmes. Au cas où vous les publieriez, certains de vos lecteurs pourraient peut-être découvrir une explication à ce phénomène.

J'ai intitulé tout l'ensemble *Qui a copié ?*

Respectueusement vôtre,

Jack Lewis

10 juin 1952

M. Jack Lewis
90-26 219ᵉ Rue
Queens Village, N.Y.

Cher M. Lewis,

Votre idée d'une suite de lettres pour présenter une science-fiction est intéressante, mais je crains qu'elle ne marche pas.

C'est dans le numéro d'août 1940 de *Macabre Adventures* que M. Thromberry a utilisé pour la première fois cette même idée.

Par une ironie du sort, cette correspondance était également intitulée *Qui a copié ?*

Nous serions heureux que vous nous contactiez si vous avez quelque chose de plus original.

Veuillez agréer, monsieur, mes sincères salutations,

Samuel Mines
Rédacteur en chef
Standard Magazines Inc.

Traduction de Marie-France Watkins, *Startling Stories*, DR.

FREDRIC BROWN (1906-1972)
« F.I.N. », *Fantômes et farfafouilles*, 1961.

Fredric Brown a écrit des récits policiers et de science-fiction. Parmi ces derniers, L'Univers en folie *ou* Martiens, go home ! *mêlent l'anticipation scientifique à l'humour.* Fantômes et farfafouilles, *recueil paru en France en 1963, s'achève sur cette manière originale de voyager dans le temps.*

F.I.N.

Le Professeur Jones potassait la théorie du temps depuis plusieurs années déjà.

– J'ai trouvé l'équation clé, dit-il un jour à sa fille. Le temps est un
5 champ. Cette machine que j'ai construite peut agir sur ce champ, et même en inverser le sens.

Et, tout en appuyant sur un bouton, il dit : Ceci devrait faire repartir le temps à rebours à temps le repartir faire devrait ceci, dit-il bouton un sur appuyant en tout, et.

10 – Sens le inverser en même et, champ ce sur agir peut construite j'ai que machine cette. Champ un est temps le. Fille sa à jour un dit-il, l'équation clé trouvé j'ai.

Déjà années plusieurs depuis temps du théorie la potassait Jones Professeur le.

15   N.I.F.

Traduction de Jean Sendy, © Éditions Denoël, 1963.

Créatures, robots et androïdes

MARY SHELLEY (1797-1851)

Frankenstein ou le Prométhée moderne, **chapitre 5, extraits, 1818.**

Parmi les précurseurs de la littérature de science-fiction, Mary Shelley, l'épouse du poète anglais Percy Shelley, a un statut particulier : en se servant des progrès de la science de son temps, elle imagine la première créature de la littérature moderne. Roman gothique, roman fantastique, roman d'anticipation scientifique, Frankenstein *fait partie des chefs-d'œuvre de la littérature anglaise du XIXᵉ siècle.*

Une sinistre nuit de novembre, je pus enfin contempler le résultat de mes longs travaux. Avec une anxiété qui me mettait à l'agonie, je disposai à portée de ma main les instruments qui allaient me permettre de transmettre une étincelle de vie à la forme inerte qui gisait à mes pieds.
5 Il était déjà une heure du matin. La pluie tambourinait lugubrement sur les carreaux, et la bougie achevait de se consumer. Tout à coup, à la lueur de la flamme vacillante, je vis la créature entrouvrir des yeux d'un jaune terne. Elle respira profondément, et ses membres furent agités d'un mouvement convulsif.
10 Comment pourrais-je dire l'émotion que j'éprouvai devant cette catastrophe, ou trouver les mots pour décrire l'être repoussant que j'avais créé au prix de tant de soins et de tant d'efforts ? Ses membres

étaient, certes, bien proportionnés, et je m'étais efforcé de conférer[1]
à ses traits une certaine beauté. De la beauté ! Grand Dieu ! Sa peau
15 jaunâtre dissimulait à peine le lacis[2] sous-jacent de muscles et de vaisseaux sanguins. Sa chevelure était longue et soyeuse, ses dents d'une
blancheur nacrée, mais cela ne faisait que mieux ressortir l'horreur
des yeux vitreux, dont la couleur semblait se rapprocher de celle des
orbites blafardes dans lesquelles ils étaient profondément enfoncés.
20 Cela contrastait aussi avec la peau ratatinée du visage et de la bouche
rectiligne aux lèvres presque noires.

Bien que multiples, les péripéties de l'existence sont moins variables
que ne le sont les sentiments humains. Pendant deux années, j'avais
travaillé avec acharnement, dans le seul but d'insuffler la vie à un
25 organisme inanimé. Je m'étais pour cela privé du repos, et j'avais
sérieusement compromis ma santé. Aucune modération n'était venue
tempérer mon ardeur. Et pourtant, maintenant que mon œuvre était
achevée, mon rêve se dépouillait de tout attrait, et un dégoût sans nom
me soulevait le cœur.

30 Ne pouvant supporter davantage la vue du monstre, je me précipitai
hors du laboratoire. Réfugié dans ma chambre à coucher, je me mis à
aller et venir, sans pouvoir me résoudre à chercher le sommeil. Mais
mon tumulte intérieur finit tout de même par s'apaiser, vaincu par
la lassitude. Je me jetai tout habillé sur le lit, dans l'espoir de trouver
35 quelques moments d'oubli. Ce fut en vain. Je dormis bien un peu, mais
en proie à des rêves terrifiants. […] Je me réveillai, frissonnant d'effroi.
Une sueur froide me mouillait le front, mes dents claquaient et des
frémissements secouaient mes membres. À la lueur jaunâtre des rayons

---

1. Donner.
2. L'entrelacement, le réseau.

lunaires qui filtraient par les fentes des volets, j'aperçus soudain le misé-
40 rable, le monstre que j'avais créé. Il avait soulevé la tenture de mon lit,
et ses yeux – si l'on peut leur donner ce nom – étaient fixés sur moi.
Il ouvrit la bouche et laissa échapper des sons inarticulés ; une horrible
grimace lui plissait les joues. Peut-être parlait-il, mais j'étais tellement
terrifié que je ne l'entendais pas. Une de ses mains était tendue vers moi,
45 comme pour m'agripper, mais je me sauvai et descendis quatre à quatre
les escaliers. Je me réfugiai dans la cour, devant ma demeure, et y passai
le restant de la nuit à marcher de long en large, profondément agité,
l'oreille tendue, guettant le moindre bruit comme s'il devait annoncer
l'approche du cadavre démoniaque auquel j'avais si malencontreuse-
50 ment donné la vie.

Oh ! Personne n'aurait pu supporter l'horreur qu'inspirait sa vue.
Une hideuse momie ressuscitée n'aurait pu être aussi affreuse que ce
monstre. Je l'avais regardé quand il était encore inachevé, et déjà alors,
je l'avais trouvé repoussant. Mais lorsque j'avais permis à ses muscles et
55 à ses articulations de s'animer, il était devenu une chose telle que Dante
lui-même n'aurait pu la concevoir.

Traduction de Joe Ceurvorst, © Éditions Marabout, 1978.

Isaac Asimov (1920-1992)
« Première loi », *Un défilé de robots*, 1964.

Dans la préface de son recueil intitulé Les Robots, *sorti en France en 1967, Isaac Asimov refuse pour ses créatures le sort de celle de Frankenstein. Elles vivront parmi les hommes, soumises aux trois lois de la robotique : ne pas porter atteinte à l'homme, obéir à ses ordres et protéger sa propre existence. Les robots ne peuvent désobéir. À moins que…*

Mike Donovan considéra sa chope de bière vide, sentit l'ennui l'envahir et décida qu'il avait écouté pendant assez longtemps.

– Si nous mettons la question des robots extraordinaires sur le tapis, s'écria-t-il, j'en sais au moins un qui a désobéi à la Première Loi.

5   Comme cette éventualité était complètement impossible, chacun se tut et se tourna vers Donovan. Aussitôt notre gaillard regretta d'avoir eu la langue trop longue et changea de sujet de conversation :

– J'en ai entendu une bien bonne hier soir, dit-il sur le ton de la conversation. Il s'agissait…

10   – Vous connaissez, dites-vous, un robot qui a causé du tort à un être humain ? intervint MacFarlane, qui se trouvait sur le siège voisin de Donovan. C'est cela que signifie la désobéissance à la Première Loi, vous le savez aussi bien que moi.

– En un certain sens, dit Donovan. Je dis que j'ai entendu…

15   – Racontez-nous cela, ordonna MacFarlane.

Quelques-uns des membres de l'assistance reposèrent bruyamment leurs chopes sur la table.

– Cela se passait sur Titan, il y a quelque dix ans, dit Donovan en réfléchissant rapidement. Oui, c'était en 25. Nous venions de recevoir

20 une expédition de trois robots d'un nouveau modèle, spécialement
conçus pour Titan. C'étaient les premiers des modèles M A. Nous les
appelions Emma-Un, Deux et Trois.

Il fit claquer ses doigts pour commander une autre bière.

– J'ai passé la moitié de ma vie dans la robotique, dit MacFarlane,
25 et je n'ai jamais entendu parler d'une production en série des modèles
M A.

– C'est parce qu'ils ont été retirés des chaînes de fabrication après…
après ce que je vais vous raconter. Vous ne vous rappelez pas ?

– Non.

30 – Nous avions mis les robots immédiatement au travail, poursui-
vit rapidement Donovan. Jusqu'à ce moment-là, voyez-vous, la base
avait été entièrement inutilisée durant la saison des tempêtes, qui dure
pendant quatre-vingts pour cent de la révolution de Titan autour
de Saturne. Durant les terribles chutes de neige, on ne pouvait pas
35 retrouver la Base à cent mètres de distance. Les boussoles ne servent à
rien, puisque Titan ne possède aucun champ magnétique.

» L'intérêt de ces robots M A résidait cependant en ceci qu'ils
étaient équipés de vibro-détecteurs d'une conception nouvelle, qui leur
permettaient de se diriger en ligne droite sur la Base en dépit de tous
40 les obstacles, et qu'ainsi les travaux de mine pourraient désormais se
poursuivre durant la révolution entière. Ne dites pas un mot, Mac. Les
vibrodétecteurs furent également retirés du marché, et c'est la raison
pour laquelle vous n'en avez pas entendu parler. (Donovan fit entendre
une petite toux.) Secret militaire, vous comprenez.

45 » Les robots, continua-t-il, travaillèrent à merveille pendant la
première saison des tempêtes, puis, au début de la saison calme, Emma-
Deux se mit à faire des siennes. Elle ne cessait d'aller se perdre dans

les coins, de se cacher sous les balles et il fallait la faire sortir de sa retraite à force de cajoleries. Finalement elle disparut un beau jour de
50 la Base et ne revint plus. Nous conclûmes qu'elle comportait un vice de construction et nous poursuivîmes les travaux avec les deux robots restants. Cependant nous souffrions d'un manque de main-d'œuvre et, lorsque, vers la fin de la saison calme, il fut question de se rendre à Kornsk, je me portai volontaire pour effectuer le voyage sans robot. Je
55 ne risquais apparemment pas grand-chose, les tempêtes n'étaient pas attendues avant deux jours et je comptais rentrer avant moins de vingt-quatre heures.

» J'étais sur le chemin du retour – à quinze bons kilomètres de la Base – lorsque le vent commença à souffler et que l'air s'épaissit. Je posai mon
60 véhicule aérien immédiatement avant que l'ouragan ait pu le briser, mis le cap sur la Base et commençai à courir. Dans la pesanteur réduite, je pouvais fort bien parcourir toute la distance au pas gymnastique, mais me serait-il possible de me déplacer en ligne droite ? C'était toute la question. Ma provision d'air était largement suffisante et mes enroule-
65 ments de chauffage fonctionnaient de façon satisfaisante, mais quinze kilomètres dans un ouragan "titanesque" n'ont rien d'un jeu d'enfant.

» Puis, lorsque les rafales de neige changèrent le paysage en un crépuscule fantomatique, que Saturne devint à peine visible et que le soleil lui-même fut réduit à l'état de pâle reflet, je dus m'arrêter le dos tourné
70 au vent. Un petit objet noir se trouvait droit devant moi ; je pouvais à peine le distinguer, mais je l'avais identifié. C'était un chien des tempêtes, l'être le plus féroce qui puisse exister au monde. Je savais que ma tenue spatiale ne pourrait me protéger une fois qu'il bondirait sur moi, et dans la lumière insuffisante je ne devais tirer qu'à bout portant ou pas du tout. Si
75 par malheur je manquais mon coup, mon sort serait définitivement réglé.

» Je battis lentement en retraite et l'ombre de l'animal me suivit. Elle se rapprocha et déjà je levais mon pistolet en murmurant une prière, lorsqu'une ombre plus vaste surgit inopinément au-dessus de moi et me fit hurler de soulagement. C'était Emma-Deux, le robot M A disparu.

80 Je ne pris pas le temps de m'inquiéter des raisons de sa disparition. Je me contentai de hurler à tue-tête : "Emma, fillette, attrapez-moi ce chien des tempêtes et ensuite vous me ramènerez à la Base."

» Elle se contenta de me regarder comme si elle ne m'avait pas entendu et s'écria : "Maître, ne tirez pas, ne tirez pas."

85 » Puis elle se précipita à toute allure vers le chien des tempêtes.

» Je criai de nouveau : "Attrapez ce sale chien, Emma !" Elle le ramassa bien… mais continua sa course. Je hurlai à me rendre aphone, mais elle ne revint pas. Elle me laissait mourir dans la tempête.

Donovan fit une pause dramatique.

90 – Bien entendu, vous connaissez la Première Loi : un robot ne peut porter atteinte à un être humain ni, restant passif, laisser cet être humain exposé au danger ! Eh bien, Emma s'enfuit avec son chien des tempêtes et m'abandonna à mon sort. Elle avait donc enfreint la Première Loi.

95 » Fort heureusement pour moi, je me tirai sans dommage de l'aventure. Une demi-heure plus tard, la tempête tomba. C'était un déchaînement prématuré et temporaire. Cela arrive quelquefois. Je rentrai à la Base en toute hâte et la tempête commença pour de bon le lendemain. Emma-Deux rentra deux heures après moi. Le mystère fut

100 éclairci et les modèles M A retirés immédiatement du marché.

– Et l'explication, demanda MacFarlane, en quoi consistait-elle au juste ?

Donovan le considéra d'un air sérieux.

– J'étais effectivement un être humain en danger de mort, Mac, mais
105 pour ce robot, quelque chose prenait le pas même sur moi, même sur
la Première Loi. N'oubliez pas que ces robots faisaient partie de la série
M A et que celui-ci en particulier s'était mis à la recherche de petits
coins bien tranquilles quelque temps avant de disparaître. C'est comme
s'il s'attendait à un événement très spécial et tout à fait personnel. Et cet
110 événement s'était effectivement produit.

Donovan tourna les yeux vers le plafond avec componction[1] et
acheva :

– Ce chien des tempêtes n'était pas un chien des tempêtes. Nous
le baptisâmes Emma-Junior lorsque Emma-Deux le ramena à la Base.
115 Emma-Deux se devait de le protéger contre mon pistolet. Que sont les
injonctions de la Première Loi, comparées aux liens sacrés de l'amour
maternel ?

Traduction de Pierre Billon, © Random House Inc.

---

1. Gravité.

JACQUES STERNBERG (1923-2006)
« La perfection », *Contes glacés,* 1974.

Avec plus de mille nouvelles publiées entre 1945 et 2002, Jacques Sternberg est l'un des nouvellistes les plus importants du XXᵉ siècle, explorant, comme dans Contes glacés, *le fantastique, l'humour noir et la science-fiction.*

Ce n'était qu'un robot.

Mais on avait mis plus de vingt ans à le mettre au point et, quand il sortit des laboratoires, on le jugea tellement humain, tellement véridique qu'on le dota d'une carte d'identité et on l'inscrivit aux assurances
5 sociales. Ses capacités étaient, bien entendu, pratiquement illimitées. Comme on ne pouvait pas le nommer P.D.G. de l'entreprise, ce qui aurait vexé celui qui en avait le titre, on en fit un délégué qui faisait la liaison entre les diverses succursales de cette firme à gros budget. En quelques mois, le robot délégué tripla le chiffre d'affaires. Puis, un jour,
10 il disparut, sans donner signe de vie, sans laisser de trace. On envoya dix enquêteurs pour le retrouver, mais en vain. On ne le retrouva jamais. Pourtant le robot passait toutes ses journées dans un endroit bien précis d'une seule ville. Dans un musée, très exactement, devant une vitrine.

C'est là qu'il était tombé éperdument amoureux d'une ravissante
15 petite pendule du XVIIIᵉ siècle.

BERNARD WERBER (né en 1961)
« Les androïdes se cachent pour mourir », extraits, 2014.

Les robots intégrés dans la société humaine, voilà une belle utopie. Dans cette nouvelle, le narrateur s'étonne du soudain changement de mentalité d'un patron de bar. Il faut dire que cette société du futur a donné bien des droits à ces nouveaux citoyens…

« Interdit aux chiens et aux androïdes. »

L'inscription était gravée sur une plaque de cuivre au-dessus du comptoir, mais le patron du bistrot « Chez Franckie » répondant lui-même au nom de Franckie, il semblait ne pas en avoir vraiment
5 tenu compte car dans sa salle il n'y avait strictement que des clients androïdes, tous avachis, leur prise 220 volts nonchalamment plantée dans leur emplacement de table.

— Alors tu es devenu moins raciste, Franckie ? Tu autorises les robots à venir consommer chez toi, maintenant ? questionnai-je.

10 — Ah, salut Stéphane, m'en veux pas. Tu sais, je n'ai pas le choix, me confia-t-il avec son haleine chargée, typiquement humaine. Tous les immeubles du quartier sont progressivement rachetés par ces boîtes de conserve, ces ferrailles humanoïdes font baisser le prix du mètre carré et font fuir les humains organiques, mais j'ai beau avoir des convictions, je
15 suis obligé de rester commerçant. Un client est un client… du moment qu'il paye. Et ces messieurs-dames payent, donc je n'ai pas le cœur à les mettre dehors.

— Alors pourquoi tu laisses cette ignoble pancarte, Franckie ? Tu es paradoxal.

20 Il se pencha et chuchota.

— C'est pour mes potes, les derniers humains qui voudraient venir me voir, cela les rassure. Quant aux androïdes cela ne les affecte pas. Ils s'en foutent du moment qu'ils ont de la bonne électricité bien stable servie sans coupures.

25   — Quand je pense que jadis tu faisais des androïnades où toi et tes fameux potes les réacs vous alliez jeter les andros dans la glu.

— Ah oui, c'était le bon temps. Ils se débattaient comme des chats dans la baignoire et puis la glu les figeait. Ils avaient des mines ébahies comme s'ils ne comprenaient pas. On rigolait bien.

30   Franckie se pencha encore plus et murmura à mon oreille.

— Quoique… C'était surtout à l'époque où j'étais avec Ginette, mais maintenant tout a changé. Je suis en couple avec une andro, alors j'ai dû mettre de l'huile dans mon vin.

Il désigna une silhouette féminine, dans l'arrière-salle, qui faisait la
35   vaisselle.

— Suzanne. Elle est douce, elle est gentille, elle ne me fait pas tout le temps des reproches. Elle masse mes épaules, en plus elle fait super bien la cuisine. C'est une aide précieuse au cas où des humains reviennent manger chez moi. Tu veux que je te dise, Stéphane ? Elle m'a réconcilié
40   avec les femmes !

Je bus une bière et quittai le bistrot « Chez Franckie » tout en me disant que le monde était en train de changer. […]

Tout en marchant, je me remémorai comment on en était arrivé là.

Au début, ce devait être en juin 2014, il y avait eu ce premier pro-
45   gramme d'ordinateur, Eugène Gootsman, qui avait réussi à passer le test Turing en se faisant passer, simplement par la qualité de son dialogue, pour un être humain. À l'époque on n'y avait pas beaucoup fait attention.

Et puis l'intelligence artificielle et les programmes de dialogues simili
50 humains avaient connu une croissance exponentielle. Il y avait eu Siri
pour les iPhone et d'autres programmes dérivés du Lisa, le programme
des années 1980.

Une fois que le cerveau imitant la pensée humaine avait été mis au
point, le professeur Francis Frydman avait travaillé sur deux autres axes.
55 Au niveau du logiciel, il avait mis au point la conscience artificielle qui
avait abouti aux premiers robots avec état d'âme […].

Ensuite les robots avaient suivi le parcours des étrangers. Ils étaient
passés du statut d'exclus à celui de minorités tolérées, puis de minorités
intégrées.

60 Il paraît que, dans la Grèce antique, les femmes et les esclaves
n'étaient pas considérés comme des humains à part entière. Et puis cela
avait évolué. Ils avaient, eux aussi, été incorporés, et maintenant tout le
monde trouvait normal, voire évident qu'ils aient autant de droits que
les autres citoyens.

65 Pour les androïdes, c'était allé encore plus vite que pour les esclaves
ou les femmes de notre histoire.

Là encore l'intégration s'était faite par l'armée.

Après que, durant plusieurs guerres, les androïdes eurent montré
leur courage à défendre les humains de leur nation d'origine contre…
70 d'autres humains et d'autres androïdes étrangers, on avait songé à leur
dire merci en leur accordant progressivement un statut légal.

Cela s'était passé par étapes successives.

1) Ils avaient obtenu le droit d'être considérés comme humains. Du
coup, le fait de les tuer devenait non plus assimilé à la simple mise hors
75 service d'une machine à laver, mais à un crime.

2) Le droit de vote.

3) Le droit de présenter des élus androïdes à la mairie, à l'Assemblée, au Sénat.

4) L'accès à tous les métiers y compris celui de prêtre et de président
80 de la République.

5) Le droit au mariage.

6) Le droit de fabriquer leurs propres enfants qui obtenaient à leur tour le statut de citoyen.

7) Le droit d'adopter des enfants humains.

85 Évidemment tout cela ne s'était pas fait sans résistances.

Il y avait eu des groupes d'extrême-droite humains qui s'étaient tout suite déclarés scandalisés par leur présence à niveau égal.

– Ils ne sont pas comme nous. Plus il y a d'androïdes, plus il y a de problèmes.

90 Il y avait eu aussi une levée de boucliers des partis d'extrême gauche.

– Ils sont issus du système capitaliste, ils sont les serviteurs du système capitaliste.

Il y avait eu enfin une forte réticence des travailleurs émigrés qui étaient scandalisés de voir ces machines mieux payées qu'eux pour la
95 simple raison qu'elles travaillaient plus, ne se mettaient jamais en grève et ne tombaient pas en panne.

– Ils viennent voler notre travail. Plus il y a d'androïdes, plus il y a de chômage.

Les écolos ne les aimaient pas non plus :

100 – Lorsque les robots meurent, ils ne sont pas recyclables, ce sont des pollutions ambulantes. Un androïde mort ne pourrit même pas. Il ne faut pas les mettre dans des cimetières mais dans des casses de voiture.

Ce à quoi les représentants androïdes avaient répondu pour l'ensemble de leurs contradicteurs :

105   – Nous travaillons pour le bien être de la société dans son ensemble, nous payons nos impôts comme vous, nous avons donc les mêmes droits que vous.

Et voilà maintenant que le dernier symbole de la résistance venait de tomber : Franckie, le patron de bistrot le plus anti-robot du quartier,
110   venait de se mettre en couple avec une androïde […].

© Bernard Werber.

Science-fiction et totalitarisme

GEORGE ORWELL (1903-1950)
1984, première partie, Chapitre 1, extraits, 1949.

L'univers de la science-fiction en tant que littérature de l'imaginaire s'étend, au-delà des œuvres relatant des progrès techniques ou des voyages dans l'espace, au roman d'anticipation et à la dystopie. C'est le cas de 1984 de George Orwell qui propose une utopie à l'envers. Son héros, Winston Smith, vit dans un régime totalitaire où penser du mal de Big Brother, le chef du Parti, est un crime...

C'était une journée d'avril froide et claire. Les horloges sonnaient treize heures. Winston Smith, le menton rentré dans le cou, s'efforçait d'éviter le vent mauvais. Il passa rapidement la porte vitrée du bloc des « Maisons de la Victoire », pas assez rapidement cependant pour
5 empêcher que s'engouffre en même temps que lui un tourbillon de poussière et de sable.

Le hall sentait le chou cuit et le vieux tapis. À l'une de ses extrémités, une affiche de couleur, trop vaste pour ce déploiement intérieur, était clouée au mur. Elle représentait simplement un énorme visage, large de
10 plus d'un mètre : le visage d'un homme d'environ quarante-cinq ans, à l'épaisse moustache noire, aux traits accentués et beaux.

Winston se dirigea vers l'escalier. Il était inutile d'essayer de prendre l'ascenseur. Même aux meilleures époques, il fonctionnait rarement. Actuellement, d'ailleurs, le courant électrique était coupé dans la journée.

15 C'était une des mesures d'économie prises en vue de la Semaine de la Haine.

Son appartement était au septième. Winston, qui avait trente-neuf ans et souffrait d'un ulcère variqueux[1] au-dessus de la cheville droite, montait lentement. Il s'arrêta plusieurs fois en chemin pour se reposer. 20 À chaque palier, sur une affiche collée au mur, face à la cage de l'ascenseur, l'énorme visage vous fixait du regard. C'était un de ces portraits arrangés de telle sorte que les yeux semblent suivre celui qui passe. Une légende, sous le portrait, disait : BIG BROTHER VOUS REGARDE.

À l'intérieur de l'appartement de Winston, une voix sucrée faisait 25 entendre une série de nombres qui avaient trait à la production de la fonte. La voix provenait d'une plaque de métal oblongue, miroir terne encastré dans le mur de droite. Winston tourna un bouton et la voix diminua de volume, mais les mots étaient encore distincts. Le son de l'appareil (du télécran, comme on disait) pouvait être assourdi, mais il 30 n'y avait aucun moyen de l'éteindre complètement. Winston se dirigea vers la fenêtre. [...]

Au-dehors, même à travers le carreau de la fenêtre fermée, le monde paraissait froid. Dans la rue, de petits remous de vent faisaient tourner en spirale la poussière et le papier déchiré. Bien que le soleil brillât 35 et que le ciel fût d'un bleu dur, tout semblait décoloré, hormis les affiches collées partout. De tous les carrefours importants, le visage à la moustache noire vous fixait du regard. Il y en avait un sur le mur d'en face. BIG BROTHER VOUS REGARDE, répétait la légende, tandis que le regard des yeux noirs pénétrait les yeux de Winston. Au niveau 40 de la rue, une autre affiche, dont un angle était déchiré, battait par

---

1. Maladie de la peau liée aux varices qui dévore peu à peu les chairs.

à-coups dans le vent, couvrant et découvrant alternativement un seul mot : ANGSOC[1]. Au loin, un hélicoptère glissa entre les toits, plana un moment, telle une mouche bleue, puis repartit comme une flèche, dans un vol courbe. C'était une patrouille qui venait mettre le nez aux
45 fenêtres des gens. Mais les patrouilles n'avaient pas d'importance. Seule comptait la Police de la Pensée.

Derrière Winston, la voix du télécran continuait à débiter des renseignements sur la fonte et sur le dépassement des prévisions pour le neuvième plan triennal. Le télécran recevait et transmettait simultané-
50 ment. Il captait tous les sons émis par Winston au-dessus d'un chuchotement très bas. De plus, tant que Winston demeurait dans le champ de vision de la plaque de métal, il pouvait être vu aussi bien qu'entendu. Naturellement, il n'y avait pas moyen de savoir si, à un moment donné, on était surveillé. Combien de fois, et suivant quel plan, la Police de la
55 Pensée se branchait-elle sur une ligne individuelle quelconque, personne ne pouvait le savoir. On pouvait même imaginer qu'elle surveillait tout le monde, constamment. Mais de toute façon, elle pouvait mettre une prise sur votre ligne chaque fois qu'elle le désirait. On devait vivre, on vivait, car l'habitude devient instinct, en admettant que tout son émis
60 était entendu et que, sauf dans l'obscurité, tout mouvement était perçu.

Winston restait le dos tourné au télécran. Bien qu'un dos, il le savait, pût être révélateur, c'était plus prudent. À un kilomètre, le ministère de la Vérité, où il travaillait, s'élevait vaste et blanc au-dessus du paysage sinistre. Voilà Londres, pensa-t-il avec une sorte de vague dégoût,
65 Londres, capitale de la première région aérienne, la troisième, par le

---

1. Organisation politique de l'Océania, une des zones de la terre dans le roman, qui divise le peuple en trois classes : les prolétaires, le Parti extérieur et le Parti intérieur. Le chef de l'ANGSOC (SOCialisme ANGlais) est Big Brother.

chiffre de sa population, des provinces de l'Océania. Il essaya d'extraire de sa mémoire quelque souvenir d'enfance qui lui indiquerait si Londres avait toujours été tout à fait comme il la voyait. Y avait-il toujours eu ces perspectives de maisons du XIXe siècle en ruine, ces murs étayés par des poutres, ce carton aux fenêtres pour remplacer les vitres, ces toits plâtrés de tôle ondulée, ces clôtures de jardin délabrées et penchées dans tous les sens ? Y avait-il eu toujours ces emplacements bombardés où la poussière de plâtre tourbillonnait, où l'épilobe[1] grimpait sur des monceaux de décombres ? Et ces endroits où les bombes avaient dégagé un espace plus large et où avaient jailli de sordides colonies d'habitacles en bois semblables à des cabanes à lapins ? Mais c'était inutile, Winston n'arrivait pas à se souvenir. Rien ne lui restait de son enfance, hors une série de tableaux brillamment éclairés, sans arrière-plan et absolument inintelligibles.

Le ministère de la Vérité – Miniver, en novlangue[2] – frappait par sa différence avec les objets environnants. C'était une gigantesque construction pyramidale de béton d'un blanc éclatant. Elle étageait ses terrasses jusqu'à trois cents mètres de hauteur. De son poste d'observation, Winston pouvait encore déchiffrer sur la façade l'inscription artistique des trois slogans du Parti :

LA GUERRE C'EST LA PAIX

LA LIBERTÉ C'EST L'ESCLAVAGE

L'IGNORANCE C'EST LA FORCE

Le ministère de la Vérité comprenait, disait-on, trois mille pièces au-dessus du niveau du sol, et des ramifications souterraines corres-

---

1. Plante vivace.
2. Langue officielle de l'Océania qui fonctionne par réduction du nombre des mots, de manière à appauvrir la pensée.

pondantes. Disséminées dans Londres, il n'y avait que trois autres constructions d'apparence et de dimensions analogues. Elles écrasaient si complètement l'architecture environnante que, du toit du bloc de la Victoire, on pouvait les voir toutes les quatre simultanément. C'étaient
95 les locaux des quatre ministères entre lesquels se partageait la totalité de l'appareil gouvernemental. Le ministère de la Vérité, qui s'occupait des divertissements, de l'information, de l'éducation et des beaux-arts. Le ministère de la Paix, qui s'occupait de la guerre. Le ministère de l'Amour, qui veillait au respect de la loi et de l'ordre. Le ministère de l'Abon-
100 dance, qui était responsable des affaires économiques. Leurs noms, en novlangue, étaient : Miniver, Minipax, Miniamour, Miniplein. […]

Winston fit brusquement demi-tour. Il avait fixé sur ses traits l'expression de tranquille optimisme qu'il était prudent de montrer quand on était en face du télécran. Il traversa la pièce pour aller à la minuscule
105 cuisine. En laissant le ministère à cette heure, il avait sacrifié son repas de la cantine. Il n'ignorait pas qu'il n'y avait pas de nourriture à la cuisine, sauf un quignon de pain noirâtre qu'il devait garder pour le petit déjeuner du lendemain. […]

Il retourna dans le living-room et s'assit à une petite table qui se trou-
110 vait à gauche du télécran. Il sortit du tiroir un porte-plume, un flacon d'encre, un in-quarto[1] épais et vierge au dos rouge et à la couverture marbrée.

Le télécran du living-room était, pour une raison quelconque, placé en un endroit inhabituel. Au lieu de se trouver, comme il était normal,
115 dans le mur du fond où il aurait commandé toute la pièce, il était dans le mur plus long qui faisait face à la fenêtre. Sur un de ses côtés, là où

---

1. Livre.

Winston était assis, il y avait une alcôve peu profonde qui, lorsque les appartements avaient été aménagés, était probablement destinée à recevoir des rayons de bibliothèque. Quand il s'asseyait dans l'alcôve, bien
120 en arrière, Winston pouvait se maintenir en dehors du champ de vision du télécran. Il pouvait être entendu, bien sûr, mais aussi longtemps qu'il demeurait dans sa position actuelle, il ne pourrait être vu. C'était l'aménagement particulier de la pièce qui avait en partie fait naître en lui l'idée de ce qu'il allait maintenant entreprendre. [...]
125   Ce qu'il allait commencer, c'était son journal. Ce n'était pas illégal (rien n'était illégal, puisqu'il n'y avait plus de lois), mais s'il était découvert, il serait, sans aucun doute, puni de mort ou de vingt-cinq ans au moins de travaux forcés dans un camp. Winston adapta une plume au porte-plume et la suça pour en enlever la graisse. Une plume était un
130 article archaïque, rarement employé, même pour les signatures. Il s'en était procuré une, furtivement et avec quelque difficulté, simplement parce qu'il avait le sentiment que le beau papier crémeux appelait le tracé d'une réelle plume plutôt que les éraflures d'un crayon à encre. À dire vrai, il n'avait pas l'habitude d'écrire à la main. En dehors de
140 très courtes notes, il était d'usage de tout dicter au phonoscript, ce qui, naturellement, était impossible pour ce qu'il projetait. Il plongea la plume dans l'encre puis hésita une seconde. Un tremblement lui parcourait les entrailles. Faire un trait sur le papier était un acte décisif. En petites lettres maladroites, il écrivit :

145   *4 avril 1984*

Il se redressa. Un sentiment de complète impuissance s'était emparé de lui. Pour commencer, il n'avait aucune certitude que ce fût vraiment 1984. On devait être aux alentours de cette date, car il était sûr d'avoir trente-neuf ans, et il croyait être né en 1944 ou 1945. Mais, par les

150 temps qui couraient, il n'était possible de fixer une date qu'à un ou deux ans près. […]

Pendant un moment, il fixa stupidement le papier. L'émission du télécran s'était changée en une stridente musique militaire. Winston semblait, non seulement avoir perdu le pouvoir de s'exprimer, mais
155 avoir même oublié ce qu'il avait d'abord eu l'intention de dire. Depuis des semaines, il se préparait à ce moment et il ne lui était jamais venu à l'esprit que ce dont il aurait besoin, c'était de courage. Écrire était facile. Tout ce qu'il avait à faire, c'était transcrire l'interminable monologue ininterrompu qui, littéralement depuis des années, se poursuivait dans
160 son cerveau. […]

Son attention se concentra de nouveau sur la page. Il s'aperçut que pendant qu'il s'était oublié à méditer, il avait écrit d'une façon automatique. Ce n'était plus la même écriture maladroite et serrée. Sa plume avait glissé voluptueusement sur le papier lisse et avait tracé plusieurs
165 fois, en grandes majuscules nettes, les mots :

À BAS BIG BROTHER
À BAS BIG BROTHER
À BAS BIG BROTHER
À BAS BIG BROTHER
170 À BAS BIG BROTHER

La moitié d'une page en était couverte.

Il ne put lutter contre un accès de panique. C'était absurde, car le fait d'écrire ces mots n'était pas plus dangereux que l'acte initial d'ouvrir un journal, mais il fut tenté un moment de déchirer les pages gâchées et
175 d'abandonner entièrement son entreprise.

Il n'en fit cependant rien, car il savait que c'était inutile. Qu'il écrivît ou n'écrivît pas À BAS BIG BROTHER n'avait pas d'importance.

Qu'il continuât ou arrêtât le journal n'avait pas d'importance. De toute façon, la Police de la Pensée ne le raterait pas. Il avait perpétré – et
180 aurait perpétré, même s'il n'avait jamais posé la plume sur le papier – le crime fondamental qui contenait tous les autres. Crime par la pensée, disait-on. Le crime par la pensée n'était pas de ceux que l'on peut éternellement dissimuler. On pouvait ruser avec succès pendant un certain temps, même pendant des années, mais tôt ou tard, c'était forcé, ils
185 vous avaient.

C'était toujours la nuit. Les arrestations avaient invariablement lieu la nuit. Il y avait le brusque sursaut du réveil, la main rude qui secoue l'épaule, les lumières qui éblouissent, le cercle de visages durs autour du lit. Dans la grande majorité des cas, il n'y avait pas de procès, pas
190 de déclaration d'arrestation. Des gens disparaissaient, simplement, toujours pendant la nuit. Leurs noms étaient supprimés des registres, tout souvenir de leurs actes était effacé, leur existence était niée, puis oubliée. Ils étaient abolis, rendus au néant. *Vaporisés*, comme on disait.

Winston, un instant, fut en proie à une sorte d'hystérie.
195 Il se mit à écrire en un gribouillage rapide et désordonné :

ils me fusilleront ça m'est égal ils me troueront la nuque cela m'est égal à bas Big Brother ils visent toujours la nuque cela m'est égal À bas Big Brother.

Il se renversa sur sa chaise, légèrement honteux de lui-même et
200 déposa son porte-plume. [...]

Traduction d'Amélie Audiberti, © Éditions Gallimard, 1950.

RAY BRADBURY (1920-2012)
« L'éclat du phénix », 1963.

Ray Bradbury n'a pas écrit que des histoires de Martiens. En 1953, il publie l'un de ses chefs-d'œuvre, Farenheit 451, *une contre-utopie qui présente une société du futur dans laquelle les livres sont interdits et détruits. En 1966, François Truffaut en réalise l'adaptation. « L'éclat du Phénix » constitue une ébauche du roman.*

Un jour d'avril de l'année 2022, l'énorme porte de la bibliothèque se referma brutalement. Un véritable coup de tonnerre.

Bonjour, pensai-je.

Au bas des marches, dans son uniforme de la Légion Unie, un uni-
5 forme qui ne tombait plus aussi bien qu'il y avait vingt ans, un œil noir levé vers mon bureau, se tenait Jonathan Barnes.

Son attitude bravache[1] momentanément en veilleuse me rappela dix mille discours jaillis de sa bouche en l'honneur des Vétérans, les interminables défilés drapeau au vent qu'il avait organisés tambour
10 battant, se démenant jusqu'à plus souffle, les banquets de patriotes à base de poulet froid et de petits pois qu'il avait pratiquement préparés lui-même, sans parler des élans civiques avortés au fond de son chapeau.

À présent Jonathan Barnes gravissait lourdement le grand escalier grinçant, pesant sur chaque marche de toute sa corpulence et de toute
15 l'autorité dont il venait d'être investi. L'écho de son tapage, répercuté par les vastes plafonds, avait dû offusquer même un homme de son espèce et le ramener à de meilleures façons, car lorsqu'il atteignit mon

---

1. Fanfaronne, vantarde.

bureau, je ne perçus qu'un murmure dans l'haleine chargée d'alcool qu'il me souffla au visage.

20   « Je suis venu pour les livres, Tom. »

Négligemment, je consultai quelques fiches.

« Quand ils seront prêts, on vous appellera.

– Un moment, dit-il. Attendez…

– C'est bien le lot de livres destiné aux Vétérans de l'hôpital que 25 vous voulez ?

– Non, non ! s'écria-t-il. Je suis venu chercher tous les livres. »

Je le regardai fixement.

« Enfin, reprit-il, *presque tous.*

– Presque tous ? » Je clignai des yeux, puis me replongeai dans mon 30 fichier. « On n'a droit qu'à dix volumes à la fois. Voyons voir. Ah ! Ça alors, vous n'avez pas renouvelé votre carte depuis l'âge de vingt ans, ce qui remonte à trente ans. Constatez par vous-même. » Je lui tendis la fiche.

Barnes posa ses deux mains sur le bureau et avança son imposante 35 carcasse dans l'intervalle. « Vous faites de l'obstruction, à ce que je vois. » Son visage prenait des couleurs, sa respiration devenait rauque, graillonnante. « Je n'ai pas besoin de carte pour mon travail ! »

Son chuchotement s'était amplifié au point qu'une myriade de pages blanches s'arrêtèrent de jouer les papillons sous les lampes vertes, là-bas, 40 dans les grandes salles de pierre. Quelques livres se refermèrent avec un petit bruit mat.

Les lecteurs levèrent leur visage empreint de sérénité. Leurs yeux, transformés en yeux d'antilopes par la temporalité et l'atmosphère du lieu, implorèrent le retour du silence, comme il se doit lorsqu'un tigre 45 est venu rendre visite à une source d'eau fraîche telle que l'était assu-

rément celle-ci. Au spectacle de ces visages affables tournés vers moi, je songeai aux quarante années que j'avais passées à vivre, travailler et même dormir ici, au milieu de vies secrètes et de personnages imaginaires, silencieux, sur vélin[1]. Plus que jamais, je considérais ma biblio-
50 thèque comme un havre de fraîcheur, une forêt frisquette[2] en constante expansion où les hommes, échappant à l'agitation fébrile d'une journée de travail, venaient passer une heure à détendre leurs membres et baigner leur esprit dans la lumière vert gazon et la brise légère des pages tournées. Puis, reconcentrés, les idées refixées à leur armature, la chair
55 plus souple, ils pouvaient se replonger dans la fournaise grondante de la réalité, affronter midi, sa foule, l'improbable vieillissement, la mort inéluctable. J'en avais vu des milliers débouler affamés et repartir rassasiés. J'avais vu des gens perdus se retrouver. Des réalistes s'abandonner au rêve et des rêveurs se réveiller dans ce sanctuaire de marbre où chaque
60 livre avait le silence pour signet.

« Certes, dis-je enfin. Mais cela ne prendra qu'un instant pour vous réinscrire. Remplissez cette fiche. En donnant deux solides références…

– Je n'ai pas besoin de références pour brûler des livres !

– Au contraire. Vous en avez d'autant plus besoin.

65 – Mes hommes constituent mes références. Ils attendent les livres dehors. Ils sont dangereux.

– Les hommes de ce genre le sont toujours.

– Non, non, je veux parler des livres, imbécile. Les livres sont dangereux. Bonté divine, il n'y en a pas deux qui soient d'accord. Toujours ce
70 maudit double langage. Toujours cette fichue tour de Babel et ces flots de salive. Alors nous venons simplifier, clarifier, élaguer. Il nous faut…

---

1. Type de papier.
2. Un peu froide.

– Discuter de tout ça, dis-je en prenant un Démosthène[1] que je me calai sous le bras. C'est l'heure où je vais dîner. Joignez-vous à moi, s'il vous plaît... »

75   J'étais à mi-chemin de la porte quand Barnes, les yeux exorbités, se souvint soudain du sifflet d'argent suspendu à sa vareuse, le coinça entre ses lèvres et en tira une note perçante.

Les portes s'ouvrirent à toute volée. Une marée d'hommes en uniforme anthracite se bousculèrent bruyamment dans les escaliers.

80   Je les interpellai à mi-voix.

Ils s'arrêtèrent, surpris.

« Doucement », dis-je.

Barnes m'empoigna le bras.

« Vous cherchez à résister à la loi ?

85   – Pas du tout. Je ne demande même pas à voir votre mandat de confiscation. J'aimerais simplement que vous travailliez en silence. »

Les lecteurs s'étaient brusquement levés sous la déflagration des bottes. Je fis mine de tapoter l'air. Ils se rassirent et ne levèrent plus les yeux sur ces hommes engoncés dans leurs uniformes charbonneux qui

90   fixaient sur moi un regard incrédule.

Barnes hocha la tête. Les hommes s'avancèrent sans bruit, sur la pointe des pieds, dans les grandes salles de la bibliothèque. Avec mille précautions, observant la discrétion de mise, ils ouvrirent les fenêtres. En silence, parlant à voix basse, ils prirent des livres sur les rayons pour

95   les jeter en bas, dans la cour crépusculaire. De temps en temps, ils lançaient un regard mauvais aux lecteurs qui continuaient tranquillement de tourner les pages, mais ne faisaient pas un geste pour s'emparer de ces livres-là ; ils se contentaient de vider les rayons.

---

1. Un livre de Démosthène, orateur athénien du IVe siècle av. J.-C.

« Bon, fis-je.

100   — Bon ? s'étonna Barnes.

— Vos hommes peuvent travailler sans vous. Accordez-vous une pause. »

Et j'étais dehors dans le crépuscule, si vite qu'il ne put que me suivre, débordant de questions muettes.

105   Nous traversâmes la pelouse où un énorme Enfer[1] portatif était dressé, avide, un gros poêle goudronneux qui crachait des flammes rouge orangé et bleu gazeux dans lesquelles des hommes enfournaient les oiseaux affolés, les colombes de papier qui, absurdement, prenaient leur essor pour s'affaler par terre, les ailes brisées, les précieuses volées
110 lâchées de chaque fenêtre pour heurter lourdement le sol avant d'être arrosées de pétrole et jetées dans la fournaise dévorante. Comme nous passions devant cette œuvre haute en couleur à défaut d'être constructive, Barnes lâcha, songeur : « Curieux. Devrait y avoir foule. Un truc comme ça… Mais… pas un chat. Comment ça se fait ? »
115   Je le laissai à ses réflexions. Il dut courir pour me rattraper.

Dans le petit café d'en face, nous prîmes place à une table, et Barnes, énervé par il ne savait trop quoi, lâcha : « On peut commander ? Il faut que je retourne au travail ! »

Walter, le patron, se dirigea vers nous sans se presser, deux menus
120 écornés à la main. Il me regarda. Je lui fis un clin d'œil.

Il se tourna vers Barnes et dit :

« *Viens avec moi et sois mon amour ; et nous goûterons à tous les plaisirs.*

— Quoi ? Barnes battit des paupières.

— *Appelez-moi Ismaël,* reprit Walter.

---

1. Cuve métallique permettant de faire un feu.

125   — Ismaël, dis-je, on commencera par un café. »
Walter revint avec la commande.
« *Tigre, tigre qui irradie,* dit-il. *Dans les forêts de la nuit.* »
L'œil rond, Barnes regarda l'homme s'éloigner tranquillement.
« Qu'est-ce qui lui prend ? Il est cinglé ou quoi ?

130   — Non, dis-je. Mais continuez ce que vous me disiez à la biblio-
thèque. Expliquez-moi.
    — Que j'explique ? Bon sang, il vous faut toujours des raisons à tout.
Très bien, je vais vous expliquer. C'est là une expérience formidable.
Un test au niveau de la ville. Si notre autodafé marche ici, ça marchera

135   partout ailleurs. On ne brûle pas tout, non, non. Vous avez remarqué
que mes hommes ne nettoyaient que certains rayons et certaines catégo-
ries ? Nous allons évider à 49,2 %. Puis rendre compte de notre succès
au Comité central…
    — Excellent. »

140   Barnes me lorgna.
    « Comment pouvez-vous être aussi enjoué ?
    — Le problème de toute bibliothèque est de trouver où entreposer les
livres. Vous m'avez aidé à le résoudre.
    — Je croyais que vous… auriez peur.

145   — J'ai côtoyé des vandales[1] toute ma vie.
    — Pardon ?
    — Un incendiaire est un incendiaire. Quiconque détruit par le feu
est un vandale.
    — C'est au commissaire principal à la Censure, Green Town,

150   Illinois, que vous parlez, bon sang ! »

---

1. Personnes qui détruisent sans motif, barbares.

Un autre personnage se présenta, un garçon, la cafetière fumante en main.

« Salut, Keats, dis-je.

– *Saison des brumes et de la suave maturité des fruits*, récita le garçon.

155 – Keats ? fit le commissaire principal à la Censure. Il ne s'appelle pas Keats.

– Suis-je bête ! Nous sommes dans un restaurant grec ici. N'est-ce pas, Platon ? »

Le garçon me resservit. « *Le peuple a toujours quelque champion qu'il*
160 *place au-dessus de lui et qu'il porte au pinacle... Le tyran n'a pas d'autre*
racine ; à son apparition, c'est un protecteur. »

Barnes se pencha en avant pour regarder du coin de l'œil le garçon impassible. Puis il entreprit de souffler sur son café. « Tel que je le vois, notre plan est aussi simple que deux et deux font quatre... »

165 Le garçon reprit :

« *Je n'ai pratiquement jamais rencontré de mathématicien qui soit*
capable de raisonner.

– La paix, nom d'un chien ! » Barnes reposa brutalement sa tasse. « Fichez-moi le camp, Keats, Platon, Holdrige, c'est ça votre nom. Je
170 m'en souviens à présent, *Holdrige* ! Qu'est-ce que c'est encore que ce charabia ?

– Rien qu'une idée en l'air, dis-je. Un trait d'esprit.

– Merde aux idées en l'air, et au diable les traits d'esprit, vous pouvez dîner tout seul. Je me barre de cette maison de fous. »

175 Et Barnes avala son café sous l'œil du patron et du garçon ainsi que sous le mien, tandis que de l'autre côté de la rue le feu de joie flambait férocement dans le ventre du monstre. Nos regards silencieux finirent par figer Barnes sa tasse à la main, une goutte de café lui dégoulinant du menton.

« Pourquoi ? Pourquoi vous ne hurlez pas ? Pourquoi vous ne vous
180 battez pas contre moi ?

– Mais je me bats », dis-je en prenant le livre que j'avais sous le
bras. J'arrachai une page du Démosthène, le nom de l'auteur bien en
évidence, la roulai en un long cigare, l'allumai, en tirai une bouffée et
dis : « *Un homme peut échapper à bien des dangers, il ne pourra jamais*
185 *échapper complètement à ceux qui refusent à une personne telle que lui le*
droit d'exister. »

Presque dans le même mouvement, Barnes bondissait sur ses pieds
en hurlant, le « cigare » était arraché de ma bouche, piétiné, et le
commissaire principal à la Censure dehors.

190 Je ne pouvais que le suivre.

Sur le trottoir, il bouscula un vieillard qui entrait. Celui-ci faillit
tomber. Je le rattrapai par le bras.

« Professeur Einstein, dis-je.

– Monsieur Shakespeare », me retourna-t-il.

195 Barnes prit la fuite.

Je le retrouvai sur la pelouse près de ma vieille et magnifique bibliothèque où les hommes ténébreux, dont chaque mouvement dégageait
une odeur de pétrole, continuaient de déverser par les hautes fenêtres
de vastes moissons de livres, pigeons abattus en plein vol, faisans ago-
200 nisants, tout l'or et l'argent de l'automne. Mais… sans bruit. Et tandis
que se poursuivait cette pantomime[1] tranquille, presque sereine, Barnes
hurlait en silence, ses dents, sa langue, ses lèvres, ses joues bloquant,
étouffant un cri que nul ne pouvait entendre. Mais ce cri jaillissait par
intermittence de ses yeux fous, se déchargeait dans ses poings crispés,

---

1. Spectacle visuel.

205 modifiait les couleurs de son visage tantôt pâle, tantôt rouge, tandis qu'il me fusillait du regard, moi, le café, son maudit patron et cet épouvantable garçon qui lui répondait d'un geste amical de la main. L'incinérateur de Baal faisait gronder son appétit, griller la pelouse sous une pluie d'étincelles. Les yeux de Barnes se fixèrent sur l'aveugle soleil
210 orangé qui brûlait dans son ventre furieux.

« Hé, lançai-je tranquillement aux hommes, les stoppant dans leur élan. Arrêté municipal. On ferme à neuf heures tapantes. Tâchez d'en avoir fini d'ici là. Je ne voudrais pas enfreindre la loi… Bonsoir, monsieur Lincoln.

215 – *Il y a quatre-vingt-sept ans…*[1], lança l'homme en passant.

– Lincoln ? »

Le commissaire principal à la Censure se retourna lentement. « C'est Bowman. Charlie Bowman. Je te connais, Charlie, reviens ici, Charlie, Chuck ! »

220 Mais l'homme s'était éloigné, les voitures passaient, et de temps à autre, tandis que la crémation des livres se poursuivait, des gens m'interpellaient et je leur répondais ; que ce soit par un « Monsieur Poe ! » ou un simple bonjour à quelque étranger patibulaire[2] du nom de Freud, chaque fois que je saluais gaiement quelqu'un et qu'on me
225 répondait, Barnes tressaillait comme si une flèche s'était enfoncée dans sa masse frémissante pour le faire lentement mourir d'une sournoise injection de feu et de fureur. Et il n'y avait toujours personne pour constituer un public.

---

1. Début du célèbre discours de Gettysburg pour l'inauguration du cimetière militaire (12 novembre 1863), où, en 269 mots passés à la postérité, Lincoln définit les buts de guerre de l'Union et les principes de la démocratie. (N.d.T.)
2. Inquiétant, menaçant.

Soudain, sans raison apparente, Barnes ferma les yeux, ouvrit la
230 bouche en grand, prit sa respiration et cria : « Arrêtez ! »

Ses hommes cessèrent de jeter leurs brassées de livres par la fenêtre
située au-dessus de lui.

« Mais, dis-je, ce n'est pas encore l'heure de la fermeture…

– On ferme ! Tout le monde dehors ! »

235 Les pupilles de Jonathan Barnes s'étaient transformées en deux
trous d'ombre. Deux trous sans fond. Il agrippa l'air, tira vers le bas.
Docilement, toutes les fenêtres s'abattirent comme autant de couperets
de guillotine, faisant tinter les vitres.

Stupéfaits, les hommes en noir descendirent.

240 « Commissaire principal. » Je lui tendis une clé qu'il refusa de
prendre, m'obligeant à lui refermer le poing dessus. « Revenez demain,
observez le silence et finissez votre travail. »

L'abîme de son regard me sonda en vain.

« Tout ceci… ça dure depuis combien de temps… ?

245 – Ceci ?

– Ceci… tout ça… et eux. »

Sans y parvenir tout à fait, il s'efforça de désigner de la tête le café,
les voitures de passage, les paisibles lecteurs qui sortaient à présent de
la bibliothèque, me saluant dans la fraîcheur nocturne, en amis qu'ils
250 étaient. Ses yeux fixes d'aveugle ne rencontraient que le vide là où
se trouvait mon visage. Sa langue, engourdie, se mit en mouvement.
« Vous croyez que je vais me laisser avoir par vous tous. Moi, moi ? »

Je m'abstins de répondre.

« Comment pouvez-vous être sûr que je ne brûlerai pas les gens
255 comme je brûle les livres ? »

Toujours pas de réponse.

Je le plantai là, dans la nuit noire.

Une fois retourné à l'intérieur de la bibliothèque, j'enregistrai la sortie des volumes qu'emportaient les derniers partants alors que la
260 nuit s'installait définitivement, plongeant tout dans l'obscurité, et que la grande machine de Baal vomissait la fumée de son feu mourant au milieu de l'herbe printanière où se tenait le commissaire principal à la Censure, immobile comme une statue de béton, ne s'apercevant même pas que ses hommes partaient. Brusquement son poing s'envola.
265 Quelque chose de brillant vint étoiler la vitre de la porte d'entrée. Puis Barnes tourna les talons et s'éloigna à la suite de l'incinérateur cahotant, urne funéraire noire et pansue derrière laquelle s'effilochaient de longues écharpes de fumée, d'éphémères voiles de deuil.

Je tendis l'oreille.

270 Dans les salles du fond, que baignait une douce lumière de jungle, il y avait un frou-frou automnal de feuilles tournées, des bruits tamisés de respiration, de minuscules singularités, le geste d'une main, l'éclat d'une bague, le pétillement intelligent d'un œil d'écureuil. Quelque voyageur nocturne continuait de naviguer entre les rayons à moitié vides. Dans
275 la sérénité de la porcelaine, les eaux des toilettes coulaient vers le calme d'une mer lointaine. Mes semblables, mes amis, émergeaient un par un de la fraîcheur du marbre, des vertes clairières, pour se plonger dans une nuit meilleure que nous n'aurions jamais osé l'espérer.

À neuf heures, je sortis ramasser la clé jetée par Barnes et laissai passer
280 le dernier lecteur, un vieillard. Comme je verrouillais la porte, il inhala une grande goulée d'air frais, regarda la ville, la pelouse roussie par les étincelles, et dit :

« Vous croyez qu'ils reviendront ?

– Qu'ils reviennent. Nous sommes prêts à les accueillir, non ? »

285   Le vieil homme me prit la main. « *Le loup habitera avec l'agneau ; le léopard se couchera auprès du chevreau ; le veau, le lion, la brebis demeureront ensemble.* »

Nous descendîmes les marches.

« Bonsoir, Isaïe, dis-je.

290   — Monsieur Socrate, me retourna-t-il. Bonne nuit. »

Et chacun partit de son côté dans l'obscurité.

Traduction de Jacques Chambon, © Éditions Denoël, 1995.

Bernard Werber (né en 1961)

« Le maître de cinéma », *Paradis sur mesure*, extrait, 2008.

Dans « Le maître de cinéma », Bernard Werber invente un monde totali-
taire où le passé et l'histoire sont interdits. Le seul divertissement des foules
sera le cinéma, orchestré à la manière d'un dictateur par un certain David
Kubrick. L'extrait proposé décrit cette nouvelle société d'après-Troisième
Guerre mondiale…

« *Plus jamais ça.* »

Après la Troisième Guerre mondiale, les chefs d'État se réunirent
d'urgence et lancèrent ce mot d'ordre simple.

Le conflit avait été particulièrement destructeur. La planète totale-
5 ment ravagée.

Brumes et vapeurs.

Cinq milliards de morts. Deux milliards de survivants. Ce qu'il restait d'hôpitaux regorgeait de blessés et de malades.

Moscou, Pékin, Paris, Londres, New York, Tokyo, New Delhi,
10 Pyongyang, Téhéran, Rio de Janeiro, Los Angeles, Marseille, Rome,
Madrid. Les grandes mégapoles n'existaient plus.

À leur place, des champs de ruines irradiées. L'eau potable était
rationnée. Des territoires immenses étaient interdits aux humains, tant
l'air y était devenu irrespirable. Des ombres rampaient dans les gravats,
15 hommes ou rats, l'un cherchant à dévorer l'autre.

« *Plus jamais ça.* »

Charniers et incendies.

Buildings éventrés exhibant leurs armatures de métal comme des
squelettes.

Bétons calcinés rapidement recouverts de moisissures.

Métal tordu dévoré de rouille.

Routes éventrées trouées de flaques nauséabondes.

Escadrilles de mouches dansant et sifflant leur victoire finale.

Il avait été nécessaire d'aller au bout des erreurs pour comprendre que c'étaient des... erreurs.

Il avait fallu aller au bout de la haine pour comprendre qu'elle n'aboutissait qu'à l'autodestruction de l'espèce.

« *Plus jamais ça* »...

Les dirigeants des grandes nations se regroupèrent dans un profond bunker et commencèrent enfin à réfléchir à des mesures d'urgence pour la sauvegarde générale de l'humanité.

Ils avaient fini par comprendre que les demi-mesures, les compromis, le souci de l'électorat n'étaient plus de mise. Pour préserver ce qu'il restait de l'espèce humaine, il fallait désormais imposer l'entente mutuelle.

Comme le nationalisme et l'intégrisme avaient été à l'origine de la Troisième Guerre mondiale, les chefs d'État décidèrent des mesures draconiennes[1].

La fin des religions fut le premier principe de l'Accord précisément baptisé : « *Plus Jamais Ça.* »

Le second principe fut tout aussi radical : la fin des nations.

Selon les signataires de l'Accord, sans foi et sans frontières, les humains du monde n'auraient plus de raisons de s'entre-déchirer. Plus de territoires à voler ou à récupérer, plus d'infidèles à convertir de force.

Mais un des chefs d'État, un grand blond barbu, aux allures de viking, répondant au nom d'Olaf Gustavson, signala que le nationa-

---

1. D'une rigueur excessive.

lisme et la religion, comme les mauvaises herbes, finiraient toujours par repousser, du fait de l'amnésie cyclique de l'humanité. Viendrait toujours un moment où les nouvelles générations, ignorantes ou ayant tout oublié des causes de la catastrophe, finiraient par vouloir à leur tour
50   goûter aux « joies » de la guerre et au plaisir de massacrer son voisin.

– Les jeunes générations, expliqua-t-il, ont une mémoire sélective. Elles se souviennent des grands enjeux du pouvoir mais oublient le prix à payer. C'est hormonal, c'est la testostérone.

Il rappela qu'après la Première Guerre mondiale, puis la Seconde, on
55   avait déjà dit « Plus jamais ça » et pourtant « ça » était revenu… jusqu'à ce que, de nouveau, on se souvienne que les mêmes causes engendrent les mêmes effets.

– À chaque génération, c'est pire, affirma-t-il. On entre dans une surenchère permanente de destruction. Comme un retour de balancier.
60   Les chefs d'État réunis dans le bunker cherchèrent donc comment éradiquer une fois pour toutes le mal. Ils finirent par convenir qu'il fallait « sectionner » plus profondément.

Un autre dirigeant, Paul Charabouska, un petit homme brun et frisé, lança une idée. À son avis il fallait supprimer le terreau même du natio-
65   nalisme, du fanatisme et de l'intégrisme[1], à savoir… l'enseignement même de l'Histoire.

L'idée parut tout d'abord totalement saugrenue aux participants de la réunion au sommet. Gommer la mémoire pour ne pas répéter les erreurs semblait un véritable contresens.
70   Pourtant…

– L'Histoire, telle qu'elle est étudiée dans les écoles, développa-t-il,

---

1. Conservatisme religieux, fondamentalisme.

transporte essentiellement la valorisation des victoires, donc des guerres, des massacres et leurs listes de martyrs, de vengeances nécessaires, de représailles logiques, de rancœurs entre peuples, de trahisons entre
75 alliés, d'enjeux territoriaux mesquins, de traités non respectés, de rivalités de princes, de rois abusifs, et au final une glorification des atrocités qui parlent d'héroïsme, et dont on se transmet les noms et les dates de génération en génération.

L'enseignement de l'Histoire n'était pas l'enseignement de l'amour,
80 mais la glorification des nationalismes.

Vue sous cet angle, l'idée paraissait soudain faire sens.

Ainsi fut voté à l'unanimité par l'assemblée des dirigeants du monde réunis dans le bunker souterrain le troisième principe de stabilisation du futur : « l'arrêt de l'enseignement du passé ».

85 À l'issue de ces décisions, les membres de l'assemblée de survie éprouvèrent un sentiment étrange et grisant, celui de bâtir une société neuve sur des bases complètement « propres ».

Et ils en ressentirent une émotion toute de fraîcheur et de virginité.

« Du passé faisons table rase », avait clamé l'un des membres de
90 l'assemblée, en référence à un texte ancien dont il avait oublié l'origine.

Ils nommèrent la Nation, la Religion, l'Histoire : « Les trois fruits défendus. »

Ils avaient été goûtés, ils avaient empoisonné, ils devaient donc être recrachés et mis hors de portée des enfants. Comme des aliments
95 toxiques.

Les membres de l'assemblée n'étaient pas dupes, ils savaient que ces trois fruits resteraient tentants, mais ils étaient bien déterminés à les tenir sous bonne garde. Restait à découvrir la réaction du public face à ces mesures.

100 Mais la sauvagerie de la Troisième Guerre mondiale avait été telle
que les trois principes du « Plus Jamais Ça » furent facilement acceptés
par les deux milliards de survivants.

Les chefs d'État n'ignoraient pas qu'il faudrait deux générations
pour éliminer toutes les « mauvaises herbes qui voudraient repousser ».
105 Ils savaient aussi que le seul fait d'interdire générerait la tentation.
Cependant, le temps jouait en leur faveur.

Comme le déclara Olaf Gustavson : « Ils finiront par oublier. » Et
comme répliqua Paul Charabouska : « Ils finiront par oublier qu'ils
doivent oublier. »

110 Dès que les trois lois d'interdiction furent votées et promulguées,
l'assemblée des chefs d'État décida d'appliquer des mesures radicales :
transformer les temples en hôpitaux, reconvertir les prêtres en infir-
miers, brûler les drapeaux, interdire les hymnes et chants patriotiques,
détruire les livres historiques, mais aussi les photos, les documentaires,
115 même les chansons, les contes, les œuvres d'art : sculptures, films, pein-
tures, portant en eux émotions ou traces du passé.

On changea le nom des rues, plus question de conserver ceux des
généraux, des maréchaux, des saints. Sur les billets de banque on rem-
plaça les portraits des conquérants ou des héros par de beaux paysages
120 naturels... La Terre avant le désastre. Surtout aucun visage, aucun
monument.

Le changement ne se fit pas sans difficultés. Des manifestations
éclatèrent, organisées par ceux qu'on appela les « nostalgiques » (le mot
devint une insulte), laissant sur place morts et blessés. Mais pour la
125 grande majorité des survivants de la Troisième Guerre mondiale, l'idée
était admise, ces tensions n'étaient que les derniers hoquets d'un monde

obsolète[1] qu'il fallait oublier. L'assemblée des chefs d'État se rebaptisa elle-même le « Conseil des Sages » (le mot « assemblée » contenait des traces historiques) et parvint à prendre les mesures nécessaires – même les plus coercitives[2] – pour imposer définitivement l'interdiction des trois fruits défendus.

Et c'est ainsi que peu à peu une nouvelle humanité sans souvenirs et sans différenciation des individus vit le jour.

Tout le monde se mit à parler la langue unique. Les mots à caractère « identitaire » ou « historique » avaient disparu du vocabulaire.

Le calendrier, pour ne faire référence à aucune culture, fut remis à zéro.

Le Conseil des Sages gomma également l'expression « Troisième Guerre mondiale », désormais remplacée par l'Apocalypse, afin d'oblitérer du même coup le souvenir des deux autres guerres mondiales qui l'avaient précédée.

Il n'entretint plus d'armée mais une police aussi puissante que présente, chargée d'empêcher la résurgence de tout particularisme.

Dans les écoles on enseignait qu'avant l'an zéro l'humanité vivait dans l'erreur, ce qui l'avait conduite à l'Apocalypse, et avait failli faire disparaître l'espèce humaine tout entière.

---

1. Démodé.
2. Très contraignantes, oppressives.

ALDOUS HUXLEY (1894-1963)
Le Meilleur des mondes, chapitre 2, 1932.

L'écrivain britannique Aldous Huxley rédige en quatre mois Le Meilleur des mondes, *un roman d'anticipation qui dépeint l'État mondial, une société où les êtres humains sont créés en laboratoire. L'histoire commence dans le Centre d'incubation et de conditionnement de Londres-Central, au moment où le Directeur – le D.I.C. – fait une démonstration à des étudiants.*

Ils laissèrent Mr. Foster dans la Salle de Décantation. Le D.I.C. et ses étudiants prirent place dans l'ascenseur le plus proche et furent montés au cinquième étage.

POUPONNIÈRES. SALLES DE CONDITIONNEMENT NÉO-
5 PAVLOVIEN, annonçait la plaque indicatrice.

Le Directeur ouvrit une porte. Ils se trouvèrent dans une vaste pièce vide, très claire et ensoleillée, car toute la paroi exposée au sud ne formait qu'une fenêtre. Une demi-douzaine d'infirmières, vêtues des pantalons et des jaquettes d'uniforme réglementaires en toile blanche
10 de viscose, les cheveux aseptiquement cachés sous des bonnets blancs, étaient occupées à disposer sur le plancher des vases de roses suivant une longue rangée d'un bout à l'autre de la pièce. De grands vases, garnis de fleurs bien serrées. Des milliers de pétales, pleinement épanouis, et d'une douceur soyeuse, semblables aux joues d'innombrables
15 petits chérubins[1], mais de chérubins qui, dans cette lumière brillante, n'étaient pas exclusivement roses et aryens, mais aussi lumineusement chinois, mexicains aussi, apoplectiques aussi d'avoir trop soufflé dans

---

1. Enfant à la tête d'angelot.

des trompettes célestes, pâles comme la mort aussi, pâles de la blancheur posthume du marbre.

20   Les infirmières se raidirent au garde-à-vous à l'entrée du D.I.C.

– Installez les livres, dit-il sèchement.

En silence, les infirmières obéirent à son commandement. Entre les vases de roses, les livres furent dûment disposés, une rangée d'in-quarto enfantins, ouverts d'une façon tentante, chacun sur quelque image gaie-
25   ment coloriée de bête, de poisson ou d'oiseau.

– À présent, faites entrer les enfants.

Elles sortirent en hâte de la pièce, et rentrèrent au bout d'une minute ou deux, poussant chacune une espèce de haute serveuse[1] chargée, sur chacun de ses quatre rayons en toile métallique, de bébés de huit mois,
30   tous exactement pareils (un Groupe de Bokanovsky, c'était manifeste), et tous (puisqu'ils appartenaient à la caste Delta) vêtus de kaki.

– Posez-les par terre.

On déchargea les enfants.

– À présent, tournez-les de façon qu'ils puissent voir les fleurs et les
35   livres.

Tournés, les bébés firent immédiatement silence, puis ils se mirent à ramper vers ces masses de couleur brillantes, ces formes si gaies et si vives sur les pages blanches. Tandis qu'ils s'en approchaient, le soleil se dégagea d'une éclipse momentanée où l'avait maintenu un nuage. Les
40   roses flamboyèrent comme sous l'effet d'une passion interne soudaine ; une énergie nouvelle et profonde parut se répandre sur les pages lui-santes des livres. Des rangs des bébés rampant à quatre pattes s'élevaient de petits piaillements de surexcitation, des gazouillements et des sifflo-tements de plaisir.

---

1. Chariot roulant.

45   Le Directeur se frotta les mains :

– Excellent ! dit-il. On n'aurait guère fait mieux si ç'avait été arrangé tout exprès.

Les rampeurs les plus alertes étaient déjà arrivés à leur but. De petites mains se tendirent, incertaines, touchèrent, saisirent, effeuillant les roses
50 transfigurées[1], chiffonnant les pages illuminées des livres. Le Directeur attendit qu'ils fussent tous joyeusement occupés puis :

– Observez bien, dit-il. Et, levant la main, il donna le signal.

L'Infirmière-Chef, qui se tenait à côté d'un tableau de commandes électriques à l'autre bout de la pièce, abaissa un petit levier.

55   Il y eut une explosion violente. Perçante, toujours plus perçante, une sirène siffla. Des sonneries d'alarme retentirent, affolantes.

Les enfants sursautèrent, hurlèrent ; leur visage était distordu de terreur.

– Et maintenant, cria le Directeur (car le bruit était assourdissant),
60 maintenant, nous passons à l'opération qui a pour but de faire pénétrer la leçon bien à fond, au moyen d'une légère secousse électrique.

Il agita de nouveau la main, et l'Infirmière-Chef abaissa un second levier. Les cris des enfants changèrent soudain de ton. Il y avait quelque chose de désespéré, de presque dément, dans les hurlements perçants et
65 spasmodiques qu'ils lancèrent alors. Leur petit corps se contractait et se raidissait : leurs membres s'agitaient en mouvements saccadés, comme sous le tiraillement de fils invisibles.

– Nous pouvons faire passer le courant dans toute cette bande de plancher, glapit le Directeur en guise d'explication, mais cela suffit, dit-
70 il comme signal à l'infirmière.

---

1. Embellies par transformation.

Les explosions cessèrent, les sonneries s'arrêtèrent, le hurlement de la sirène s'amortit, descendant de ton en ton jusqu'au silence. Les corps raidis et contractés se détendirent, et ce qui avait été les sanglots et les abois de fous furieux en herbe se répandit de nouveau en hurlements
75 normaux de terreur ordinaire.

– Offrez-leur encore une fois les fleurs et les livres.

Les infirmières obéirent ; mais à l'approche des roses, à la simple vue de ces images gaiement coloriées du minet, du cocorico et du mouton noir qui fait bêê, bêê, les enfants se reculèrent avec horreur ; leurs hur-
80 lements s'accrurent soudain en intensité.

– Observez, dit triomphalement le Directeur, observez.

Les livres et les bruits intenses, les fleurs et les secousses électriques, déjà, dans l'esprit de l'enfant, ces couples étaient liés de façon compromettante ; et, au bout de deux cents répétitions de la même leçon
85 ou d'une autre semblable, ils seraient mariés indissolublement. Ce que l'homme a uni, la nature est impuissante à le séparer.

– Ils grandiront avec ce que les psychologues appelaient une haine « instinctive » des livres et des fleurs. Des réflexes inaltérablement conditionnés. Ils seront à l'abri des livres et de la botanique pendant
90 toute leur vie.

Le Directeur se tourna vers les infirmières.

– Remportez-les.

Toujours hurlant, les bébés en kaki furent chargés sur leurs serveuses et roulés hors de la pièce, laissant derrière eux une odeur de lait aigre
95 et un silence fort bien venu.

L'un des étudiants leva la main ; et, bien qu'il comprît fort bien pourquoi l'on ne pouvait pas tolérer que des gens de caste inférieure gaspillassent le temps de la communauté avec des livres, et qu'il y avait

toujours le danger qu'ils lussent quelque chose qui fît indésirablement
100 « déconditionner » un de leurs réflexes, cependant... en somme, il
ne concevait pas ce qui avait trait aux fleurs. Pourquoi se donner la
peine de rendre psychologiquement impossible aux Deltas l'amour des
fleurs ?

Patiemment, le D.I.C. donna des explications. Si l'on faisait en sorte
105 que les enfants se missent à hurler à la vue d'une rose, c'était pour des
raisons de haute politique économique. Il n'y a pas si longtemps (voilà
un siècle environ), on avait conditionné les Gammas, les Deltas, voire
les Epsilons, à aimer les fleurs – les fleurs en particulier et la nature
sauvage en général. Le but visé, c'était de faire naître en eux le désir
110 d'aller à la campagne chaque fois que l'occasion s'en présentait, et de
les obliger ainsi à consommer du transport.

– Et ne consommaient-ils pas de transport ? demanda l'étudiant.

– Si, et même en assez grande quantité, répondit le D.I.C., mais rien
de plus. Les primevères et les paysages, fit-il observer, ont un défaut
115 grave : ils sont gratuits. L'amour de la nature ne fournit de travail à
nulle usine. On décida d'abolir l'amour de la nature, du moins parmi
les basses classes, d'abolir l'amour de la nature, mais non point la ten-
dance à consommer du transport. Car il était essentiel, bien entendu,
qu'on continuât à aller à la campagne, même si l'on avait cela en hor-
120 reur. Le problème consistait à trouver à la consommation du transport
une raison économiquement mieux fondée qu'une simple affection
pour les primevères et les paysages. Elle fut dûment découverte. Nous
conditionnons les masses à détester la campagne, dit le Directeur pour
conclure, mais simultanément nous les conditionnons à raffoler de tous
125 les sports en plein air. En même temps, nous faisons le nécessaire pour
que tous les sports de plein air entraînent l'emploi d'appareils compli-

qués. De sorte qu'on consomme des articles manufacturés, aussi bien que du transport. D'où ces secousses électriques.

– Je comprends, dit l'étudiant ; et il resta silencieux, éperdu[1]
130 d'admiration.

Traduction de Jules Castier, © Plon, © Mrs. Laura Huxley.

---

1. Ému.

Fins du monde

J.-H. ROSNY AÎNÉ (1856-1940)
La Mort de la terre, chapitre 2, extraits, 1910.

Ce romancier franco-belge, auteur de La Guerre du feu *et des* Navigateurs
de l'Infini, *imagine la planète Terre complètement desséchée après des siècles
d'exploitation par les hommes, et voyant émerger une nouvelle race d'êtres,
mi-vivants, mi-minéraux : les ferromagnétaux.*

Depuis cinq cents siècles, les hommes n'occupaient plus, sur la planète, que des îlots dérisoires[1]. L'ombre de la déchéance avait de loin
précédé les catastrophes. À des époques fort anciennes, aux premiers
siècles de l'ère radioactive, on signale déjà la décroissance des eaux :
5 maints savants prédisent que l'Humanité périra par la sécheresse. Mais
quel effet ces prédictions pouvaient-elles produire sur des peuples qui
voyaient des glaciers couvrir leurs montagnes, des rivières sans nombre
arroser leurs sites, d'immenses mers battre leurs continents ? Pourtant,
l'eau décroissait lentement, sûrement, absorbée par la terre et volati-
10 lisée dans le firmament. Puis, vinrent les fortes catastrophes. On vit
d'extraordinaires remaniements du sol ; parfois, des tremblements de
terre, en un seul jour, détruisaient dix ou vingt villes et des centaines de
villages : de nouvelles chaînes de montagnes se formèrent, deux fois plus
hautes que les antiques massifs des Alpes, des Andes ou de l'Himalaya ;

---

1. Ridicules par leur petite taille.

15 l'eau tarissait de siècle en siècle. Ces énormes phénomènes s'aggravèrent
encore. À la surface du soleil, des métamorphoses se décelaient qui,
d'après des lois mal élucidées, retentirent sur notre pauvre globe. Il y eut
un lamentable enchaînement de catastrophes : d'une part, elles haus-
sèrent les hautes montagnes jusqu'à vingt-cinq et trente mille mètres ;
20 d'autre part, elles firent disparaître d'immenses quantités d'eau.

On rapporte que, au début de ces révolutions sidérales[1], la population humaine avait atteint le chiffre de vingt-trois milliards d'individus. Cette masse disposait d'énergies démesurées. Elle les tirait des
proto-atomes (comme nous le faisons encore, quoique imparfaitement,
25 nous-mêmes) et ne s'inquiétait guère de la fuite des eaux, tellement elle
avait perfectionné les artifices de la culture et de la nutrition. Même,
elle se flattait de vivre prochainement de produits organiques élaborés
par les chimistes. Plusieurs fois, ce vieux rêve parut réalisé : chaque
fois, d'étranges maladies ou des dégénérescences rapides décimèrent
30 les groupes soumis aux expériences. Il fallut s'en tenir aux aliments qui
nourrissaient l'homme depuis les premiers ancêtres. À la vérité, ces aliments subissaient de subtiles métamorphoses, tant du fait de l'élevage
et de l'agriculture que du fait des manipulations savantes. Des rations
réduites suffisaient à l'entretien d'un homme ; et les organes digestifs
35 avaient accusé, en moins de cent siècles, une diminution notable, tandis
que l'appareil respiratoire s'accroissait en raison directe de la raréfaction
de l'atmosphère. [...]

En quinze millénaires, la population terrestre descendit de vingt-trois
à quatre milliards d'âmes ; les mers, réparties dans les abîmes, n'occu-

---

1. Liées aux astres et au cosmos.

40 paient plus que le quart de la surface ; les grands fleuves et les grands
lacs avaient disparu ; les monts pullulaient, immenses et funèbres. Ainsi
la planète sauvage reparaissait, – mais nue ! [...]

D'ailleurs, les phénomènes sismiques continuaient à remanier les
terres et à détruire les villes. Après trente mille ans de lutte, nos ancêtres
45 comprirent que le minéral, vaincu pendant des millions d'années par la
plante et la bête, prenait une revanche définitive. [...] On commença
à percevoir l'existence du règne ferromagnétique au déclin de l'âge
radioactif. C'étaient de bizarres taches violettes sur les fers humains,
c'est-à-dire sur les fers et les composés des fers qui ont été modifiés par
50 l'usage industriel. Le phénomène n'apparut que sur des produits qui
avaient maintes fois resservi : jamais l'on ne découvrit de taches ferro-
magnétiques sur des fers sauvages. Le nouveau règne n'a donc pu naître
que grâce au milieu humain. Ce fait capital a beaucoup préoccupé nos
aïeux. Peut-être fûmes-nous dans une situation analogue vis-à-vis d'une
55 vie antérieure qui, à son déclin, permit l'éclosion de la vie protoplas-
mique[1].

Quoi qu'il en soit, l'humanité a constaté de bonne heure l'existence
des ferromagnétaux. Lorsque les savants eurent décrit leurs manifestations rudimentaires, on ne douta pas que ce fussent des êtres organisés.
60 [...] On conçoit que la disparition des ferromagnétaux parût nécessaire
à nos ancêtres. Ils entreprirent la lutte avec méthode. À l'époque où
débutèrent les grandes catastrophes, cette lutte exigea de lourds sacri-
fices : une sélection s'était opérée parmi les ferromagnétaux ; il fallait
user d'énergies immenses pour refréner leur pullulation.
65 Les remaniements planétaires qui suivirent donnèrent l'avantage

---

1. Cellulaire.

au nouveau règne ; par compensation, sa présence devenait moins inquiétante, car la quantité de métal nécessaire à l'industrie décroissait périodiquement et les désordres sismiques faisaient affleurer, en grandes masses, des minerais de fer natif, intangible aux envahisseurs. Aussi,
70 la lutte contre ceux-ci se ralentit-elle au point de devenir négligeable. Qu'importait le péril organique au prix de l'immense péril sidéral ?...

Présentement, les ferromagnétaux ne nous inquiètent guère. Avec nos enceintes d'hématite rouge, de limonite ou de fer spathique, revêtues de bismuth[1], nous nous croyons inexpugnables[2]. Mais si quelque
75 révolution improbable ramenait l'eau près de la surface, le nouveau règne opposerait des obstacles incalculables au développement humain, du moins à un développement de quelque envergure.

---

1. Noms de divers oxydes, hydroxydes et métaux.
2. Imprenables, invincibles.

CLAUDE FARRÈRE (1876-1957)
« Fin de planète », *Cent millions d'or*, 1927.

Claude Farrère reçut en 1905 le prix Goncourt pour Les Civilisés, *un roman sur le colonialisme en Indochine. Dans « Fin de planète », il situe son action au XXIX*e *siècle, au moment où la planète Vingt-Huit est précipitée vers sa fin par dépit amoureux…*

Ceci se passa il y a très longtemps. Trente ou quarante, – ou cinquante millions de siècles… Cinquante millions ou cinquante milliards ?… je ne sais plus… peu importe !… Ceci se passa l'an 2828 de l'ère des Sept Prophètes dans la planète Vingt-Huit. – Vous savez tous
5 que la planète Vingt-Huit était une planète sise[1] entre la planète Mars et la planète Jupiter. C'était, ma foi, une fort belle planète, très refroidie, autrement dit, très avancée, très civilisée – formidablement – et qui roulait son orbite à 433 millions de kilomètres du Soleil – de notre Soleil. Elle faisait cela depuis tellement de millénaires que le compte m'en est
10 sorti de la mémoire.

Au cours des civilisations successives qui l'avaient animée, puis moisie, la planète Vingt-Huit avait connu tout ce que plus tard notre planète à nous, la Terre, retrouva tour à tour de constitutions humaines et d'équilibres sociaux. Ç'avait été d'abord les âges tertiaires et quater-
15 naires ; les âges de la pierre, du bronze et du fer forgé ; bref les temps bestiaux ; puis les temps préhistoriques ; puis les temps bibliques ; puis les temps patriarcaux[2].

---

1. Située.
2. Des grands patriarches. Dans la Bible, ce sont Abraham, Isaac et Jacob.

Enfin, on s'était groupé par nations, par castes[1], par classes ; les Juges
étaient intervenus, et les Rois après les Juges, et les Républiques après
20 les Rois ; enfin le césarisme[2] et le socialisme, quelques siècles durant ; le
bolchevisme après ; et, finalement, « l'Organisation ». C'est-à-dire que
la planète Vingt-Huit s'était muée en fourmilière. Toute liberté individuelle strictement supprimée, les hommes travaillaient dix-huit heures
par jour, mangeaient à peine, ne se reposaient jamais, le tout dans un
25 intérêt supérieur, d'ailleurs imprécis. On amassait ainsi de la puissance
et on n'en jouissait point. On préparait l'avenir, comme si l'avenir avait
jamais appartenu à personne.

Cependant, les hommes et les femmes continuaient de faire des
enfants ; et ces enfants, quoique élevés par l'État, c'est-à-dire selon les
30 doctrines d'un élevage rigoureusement impersonnel, n'en révélaient
pas moins diverses passions ataviques[3] mal étouffées par la Civilisation
Organisée.

La dernière chose qu'abdique l'homme, ce sont ses instincts ances-
traux. Il n'est pas prouvé que dans la ruche la plus correcte, une ouvrière
35 n'ait jamais été jalouse de la reine. Et, ce qui en est advenu, aucun
apiculteur n'a jamais été fichu de nous le dire… Somme toute, ce fut à
peu près cela qui se passa, l'an 2828 de l'ère des Sept Prophètes, dans
la planète Vingt-Huit. Et, ce qui en advint, cette fois-là, par extraordinaire, on l'a su. Je ne vous expliquerai d'ailleurs pas comment.

40 Toute action comporte sa réaction ; tout socialisme comporte son
anarchie. Même à l'époque que je viens de dire, – époque beaucoup
plus civilisée que nous autres Terriens ne l'imaginerons de longtemps,

---

1. Classes sociales.
2. Dictature.
3. Héréditaires, innées.

il était, là-bas, des êtres peu raisonnables que « l'Organisation » ne satisfaisait pas, et qui réclamaient encore, plus ou moins prudemment,
45 plus ou moins subrepticement, cette utopie qu'on nomme la liberté individuelle.

L'un d'eux, – pourquoi ne pas le nommer ? il s'appelait Havildar ! et il n'était que poussière, – conçut un jour, dans son maladif cerveau, cette inimaginable folie de tomber amoureux de la fille du Président des
50 Soviets[1] Vingt-Huitièmes. Supposez le décrotteur[2] de la rue des Martyrs épris d'une fille du Président des États-Unis : cela serait trente fois moins invraisemblable, moins choquant… tranchons le mot : moins contraire à l'Ordre.

Tel quel, cela fut. Havildar, amoureux de la demoiselle, résolut de
55 courir sa chance, encore que cette chance fût nulle. Il le fit savoir en haut lieu. Le Président des Soviets, éberlué[3], tint à voir de ses yeux l'ahurissant personnage. On le manda[4].

– C'est vous, dit le Président, le nommé Havildar ?

– Oui, balbutia l'homme, tout de même étranglé d'émotion.

60 – Qu'est-ce que vous êtes dans « l'Organisation » ?

– Chimiste. Six cent trentième section des explosifs. Onzième classe.

– Ah ! conclut le Président, qui n'en revint pas.

Ayant tout de même réfléchi, il fit demi-tour, sans plus rien dire. Comme il s'en allait :

65 – Monsieur le Président ? osa prononcer Havildar.

– Hein ? fit le Président des Soviets.

---

1. Communistes, socialistes.
2. Cireur de chaussures.
3. Grandement étonné.
4. Fit venir.

– C'est que j'étais venu pour…

– Pour vous faire enfermer ? Ce sera pour la prochaine fois, mon garçon ! jeta le Président par-dessus l'épaule.

70   Et Havildar, reconduit hors du Palais sans douceur, se retrouva dix minutes plus tard dans la six cent trentième section des explosifs.

Il y avait justement beaucoup de travail en train à cette six cent trentième section. On préparait je ne sais quelle quantité de nihilite en vue de je ne sais quel aplanissement de montagnes.

75   Une chaîne haute de trente mille mètres devait être nivelée. La nihilite était un bel explosif, récemment découvert. Trois milligrammes par myriamètre cube[1] de granit et les débris du cube broyé ne se retrouvaient jamais, même dans l'infini sidéral.

Revenu à sa section, Havildar, dit-on, réfléchit plus longtemps qu'il
80   n'était profitable.

Après quoi, coulant en masse quelque deux tonnes de nihilite – la fabrication en était tellement simple qu'il avait fallu des lois sévères pour l'interdire aux enfants –, Havildar fora un trou de mine de quelques centaines de kilomètres, ce qui nécessitait bien cinq minutes de travail :
85   les machines foreuses étaient vraiment très perfectionnées, en ce temps-là. Le trou foré, Havildar projeta son explosif au plus profond. Et il ne fallut qu'une étincelle : la fourmilière… c'est la planète Vingt-Huit que je veux dire… incontinent[2] éclata.

… Restituant au néant toute l'Organisation qui s'y trouvait.

90   Une fois de plus, comme il adviendra toujours à la fin de tous les temps, l'anarchie avait vaincu le socialisme.

---

1. Unité de mesure. Sous la Révolution, elle équivalait à 10 km³.
2. Immédiatement.

De la planète Vingt-Huit, il ne subsista qu'un ou deux milliers d'éclats, ceux-là mêmes que les astronomes terriens d'aujourd'hui nomment pour simplifier « les petites planètes ».

95   C'est le plus savant d'entre eux qui m'a raconté l'histoire.

DR.

RICHARD MATHESON (1926-2013)
« Cycle de survie », 1955.

Cet écrivain américain s'est spécialisé dans les récits d'horreur et de science-fiction. Ses œuvres les plus célèbres sont Je suis une légende *et* L'Homme qui rétrécit. *On le connaît aussi pour avoir rédigé des scénarios pour les séries* Star Trek *et* La Quatrième Dimension. *« Cycle de survie » raconte l'étonnante journée, dans un monde détruit, d'un auteur de nouvelles.*

Et ils se tinrent au pied des tours de cristal, dont les surfaces polies, telles de scintillants miroirs, réfléchissaient l'embrasement du couchant jusqu'à transformer la ville entière en lave incandescente.

Ras glissa un bras autour de la taille de sa bien-aimée.

5 — Heureuse ? demanda-t-il, avec tendresse.

— Oh ! oui, exhala-t-elle. Ici, dans notre cité merveilleuse où tout n'est à jamais que paix et bonheur, comment serait-il permis de n'être pas heureuse ?

De l'horizon, le soleil répandit sa bénédiction rose sur leur douce
10 étreinte.

[FIN]

Le claquement de la machine s'arrête. Il replie ses doigts comme des fleurs qui se referment et clôt les paupières. Un vin vieux, cette prose. Quel étourdissant effet sur les papilles gustatives de son esprit. « J'y suis
15 arrivé encore une fois, pense-t-il. Nom d'un petit bonhomme, j'y suis arrivé encore une fois. »

Il se laisse nager dans la satisfaction, puis refait surface. Il calibre le

nombre de mots, adresse l'enveloppe, y insère le manuscrit, pèse le tout, appose les timbres et cachette. Encore une brève plongée dans les vagues
20 du délice, et en route pour la boîte aux lettres.

Il est presque midi lorsque Richard Allen Shaggley se met à descendre la rue silencieuse, avec son pardessus râpé. Il se hâte de sa démarche boitillante, de crainte de manquer la levée. *Ras et la Cité de Cristal* est du travail trop supérieur pour attendre seulement un jour. Il faut que le
25 rédacteur en chef l'ait sur-le-champ. C'est une vente certaine.

Contournant le trou géant en forme d'entonnoir où des tuyaux s'entremêlent (*quand, nom d'un petit bonhomme, finiraient-ils de réparer ces sacrées canalisations ?*), il clopine du plus vite qu'il peut, le cœur vibrant, les doigts crispés sur l'enveloppe.
30 Midi. Il arrive à la boîte aux lettres et cherche anxieusement du regard le facteur. Celui-ci n'est pas en vue. Un soupir de soulagement sort de ses lèvres. Le visage en feu, Richard Allen Shaggley écoute le bruit sourd que fait l'enveloppe en heurtant le fond de la boîte.

Le pas traînant, l'heureux auteur s'éloigne en proie à une quinte de
35 toux.

En grinçant légèrement des dents et en pestant contre ses jambes, Al remonte d'une démarche lourde la rue silencieuse, sa sacoche de cuir pesant à son épaule fatiguée. « On devient vieux, pense-t-il, et je n'ai plus de voiture. Avec ces rhumatismes dans les jambes, c'est dur de faire
40 la tournée. »

À midi quinze, il atteint la boîte aux lettres verte et sort les clés de sa poche. Se penchant avec effort, il l'ouvre et se saisit de son contenu.

Un sourire détend son visage au rictus douloureux et il hoche la tête une fois en soulevant sa casquette. Encore un récit de Shaggley. À
45 expédier sans retard. Voilà un homme qui savait écrire.

Se redressant avec un gémissement, Al met l'enveloppe dans sa sacoche, referme la boîte, puis s'en va en cheminant péniblement, sans cesser de sourire. « Ça vous rend fier, pense-t-il, de transporter ses manuscrits ; même quand les jambes vous font mal. »

50   Al était un fanatique de Shaggley.

En rentrant de déjeuner cet après-midi-là, peu après trois heures, Rick trouve sur son bureau une note de sa secrétaire.

Il lit :

Nouveau manuscrit de Shaggley juste arrivé. Une splendeur. N'oubliez
55 *pas que R. A. le veut dès que vous l'aurez terminé. S.*

Le visage du rédacteur en chef s'illumine de délice. Au beau milieu d'une journée au calme plat, nom d'un petit bonhomme, une manne tombée du ciel ! Il se laisse aller dans son fauteuil de cuir, tout sourire, et réprime son geste pour se saisir du crayon rouge (rien à corriger sur
60 un texte de Shaggley !). Puis il sort le manuscrit de l'enveloppe et laisse retomber celle-ci sur la plaque de verre fendue qui couvre son bureau. Un nouveau Shaggley… quelle chance ! Nom d'un petit bonhomme, R. A. allait être aux anges.

Il lit les premières lignes, instantanément absorbé, et un transport
65 s'empare de lui. En retenant son souffle, il plonge dans le récit comme dans un océan. Quel rythme harmonieux, quel art de l'évocation ! Ce que c'était que de savoir écrire. Distraitement il frotte de la main la manche de veste de son complet pied-de-poule[1], pour en chasser de la poussière de plâtre.

70   Tandis qu'il lit, le vent se lève encore, faisant voleter ses cheveux

---

1. Tissu quadrillé.

filasse[1], soufffletant son front de vagues tièdes. Inconsciemment, il porte sa main à sa joue et suit délicatement du doigt la cicatrice qui trace une ligne livide de son menton à sa tempe.

Le vent redouble de force. Il gémit comme un cor d'harmonie tout
75 en éparpillant sur la moquette détrempée des feuilles de papier aux bords jaunis. Avec un mouvement d'humeur, Rick jette un regard furieux à la fissure béante qui parcourt le mur (*quand donc, nom d'un petit bonhomme, ces travaux seraient-ils terminés ?*), puis il revient au manuscrit de Shaggley et en reprend la lecture avec une joie renouvelée.
80 Quand il a enfin terminé, il essuie du doigt une larme d'émotion douce-amère et presse la touche d'un appareil d'intercommunications.

– Un autre chèque pour Shaggley, ordonne-t-il, et il jette par-dessus son épaule la touche brisée.

À trois heures et demie, il apporte le manuscrit au bureau de R.A.
85 et le laisse là.

À quatre heures, l'éditeur passe du rire aux pleurs tout en le lisant avec fièvre, tandis que ses doigts noueux grattent la surface irrégulière de son crâne dénudé.

Le vieux Dick Allen au dos bossu tape l'histoire de Shaggley à la
90 linotype[2] ce même après-midi, la vue brouillée de larmes de joie sous sa visière et la gorge secouée d'une toux liquide, que domine le bourdonnement de sa machine.

L'histoire arrive au kiosque peu après six heures. Le marchand à la joue balafrée la lit six fois de suite en piétinant sur ses jambes lasses,
95 avant de se décider à contrecœur à la mettre en vente.

À six heures et demie, le long de la rue, descend en clopinant le petit

---

1. D'un jaune fade.
2. Machine servant à la composition d'un texte en imprimerie.

homme chauve. « Enfin, le repos bien gagné après une dure journée »,
pense-t-il en s'arrêtant au kiosque du coin pour acheter de quoi lire.

Il regarde, bouche bée. Nom d'un petit bonhomme, une nouvelle
100 histoire de Shaggley ! Quelle chance !

Et l'unique exemplaire. Il laisse sur le comptoir vingt-cinq cents pour
le marchand qui n'est pas là en ce moment.

Il rentre chez lui en traînant la jambe, au travers des ruines déchar-
nées (*curieux, quand même, qu'ils n'aient pas encore remplacé ces*
105 *immeubles consumés*), et il lit tout en marchant.

L'histoire est terminée avant qu'il arrive à domicile. Tout en dînant
il la relit une fois encore, secouant sa tête surmontée de protubérances
pour mieux exprimer son admiration devant cette merveille de poésie,
cette magie de l'écriture, « Cela m'inspire », songe-t-il.

110 Mais pas ce soir. Pour le moment, c'est l'heure de mettre de côté
toutes les affaires : le couvercle sur la machine à écrire, le pardessus râpé,
le complet pied-de-poule élimé, la perruque filasse, la visière, la casquette de facteur et la sacoche de cuir – chaque chose à sa place propre.

À dix heures, il est endormi et rêve de champignons. Et, au matin,
115 il se demande une fois de plus pourquoi les observateurs, dans les
premiers temps, n'avaient rien voulu voir d'autre dans le Nuage qu'un
simple champignon géant.

À six heures du matin, Richard Allen Shaggley, la dernière bouchée
de son breakfast avalée, est à sa machine à écrire.

120 Il commence à taper :

Voici l'histoire de la rencontre de Ras avec la belle prêtresse de
Shaggley, et de ce que fut leur amour.

Traduction d'Alain Dorémieux, © Éditions Flammarion.

FREDRIC BROWN (1906-1972)
« Pas encore la fin », 1941, *Fantômes et farfafouilles*, 1963.

L'auteur de Fantômes et farfafouilles *raconte, dans ce récit plein d'humour, comment la fin du monde a pu être évitée… de justesse…*

Le reflet verdâtre de la lumière dans le cube de métal était déprimant ; d'un blanc cadavérique, la peau de la créature assise aux commandes en paraissait verdoyante.

5 Un œil unique, à facettes, sur la partie centrale et antérieure du crâne, surveillait sans ciller les sept cadrans. Pas un instant depuis leur départ de Xandor cet œil n'avait quitté les cadrans ; la race à laquelle appartenait Kar-338Y ignorait le sommeil. Elle ignorait tout autant la pitié : il suffisait de voir les traits acérés et durs sous l'œil à facettes pour s'en persuader.

10 Sur les cadrans 4 et 7 les aiguilles se figèrent, ce qui indiquait que le cube s'était immobilisé dans l'espace, face à son objectif immédiat. Kar se pencha en avant et de son bras droit supérieur poussa la manette du stabilisateur. Cela fait, il se leva et s'étira.

Puis il se tourna vers son compagnon de cube – un de ses semblables.

15 « Nous voilà arrivés à la première escale, étoile Z-5689. Neuf planètes tournent autour de cette étoile et une seule, la troisième, est habitable. Espérons que nous y trouverons des créatures qui pourront servir d'esclaves sur Xandor. »

Lal-16b, qui était resté immobile pendant le voyage, se leva et s'étira 20 à son tour.

« On peut toujours l'espérer, dit-il. Nous rentrerions alors sur Xandor où nous serions honorés pendant que la flotte viendrait cher-

cher les esclaves. Mais ne nous leurrons pas. Réussir au premier essai constituerait un miracle. Vraisemblablement nous allons être obligés
25 d'explorer des milliers de planètes…

    – Eh bien, nous en explorerons des milliers, dit Kar en haussant les épaules. Les Lounacs sont en voie d'extinction, et si nous ne trouvons pas une race d'esclaves pour les remplacer, nos mines ne seront plus exploitables. »

    Il se rassit devant les commandes et poussa la manette, mettant en
30 circuit le scope d'approche.

    « Nous sommes au-dessus de la moitié nocturne de la troisième planète, dit-il après avoir examiné le scope. Il y a des nuages qui bouchent la vue. Je vais passer en approche manuelle. »

    Il appuya sur un certain nombre de boutons.

35   « Regarde, Lal, dit-il soudain ; regarde le scope ! Des lumières artificielles ! Une ville ! Cette planète est bien habitée ! »

    Lal avait pris place devant le deuxième tableau de commandes, celui correspondant à l'armement du cube. À son tour il regardait des cadrans.

40   « Nous n'avons rien à craindre, annonça-t-il. Il n'y a même pas de vestiges de champ de forces autour de la ville. Les connaissances scientifiques de ces êtres sont rudimentaires[1]. En cas d'attaque nous pouvons raser leur cité d'une seule salve.

    – Parfait, dit Kar. Mais je te rappelle que nous n'avons pas pour
45 mission de détruire… pas encore. Il nous faut des spécimens. Si les spécimens sont satisfaisants, la flotte viendra chercher le nombre de milliers d'esclaves nécessaire ; ce n'est qu'après cela que nous pourrons nous amuser. Et alors nous ne détruirons pas la ville, mais la planète

---

1. Primitives.

entière, de crainte que la civilisation n'y fasse des progrès tels qu'un jour
50 ses habitants puissent lancer des raids de représailles.

– Bon, dit Lal en ajustant un potentiomètre. Je vais brancher le
mégrachamp et nous serons invisibles pour eux, sauf s'ils ont des yeux
capables de voir dans l'ultraviolet – ce dont je doute fort, étant donné
le spectre lumineux de leur soleil. »

60 Le cube descendit, pendant que la lumière y passait du vert au violet,
puis au-delà. Ensuite il s'immobilisa, doucement. Kar manœuvra le
mécanisme d'ouverture.

Il sortit, suivi de Lal.

« Regarde ! dit Kar, deux bipèdes. Deux bras, deux yeux… ils sont
65 assez semblables aux Lounacs, bien que plus petits. Voilà les deux spécimens qu'il nous faut. »

Il leva son bras gauche inférieur, dont la main à trois doigts tenait un
mince bâton torsadé de fils de cuivre. Il pointa son bâton vers l'un, puis
vers l'autre bipède. Il n'émana rien de visible du bâton, mais les deux
70 bipèdes furent instantanément figés comme des statues.

« Ils ne sont pas bien grands, commenta Lal. Je vais en porter un,
porte l'autre. On les étudiera plus à loisir dans le cube, une fois remon-
tés dans l'espace.

– Tu as raison. Deux spécimens suffiront, et on dirait que l'un est un
75 mâle et l'autre une femelle. »

Une minute plus tard, le cube montait vers l'espace et, dès qu'ils se
retrouvèrent en dehors de l'atmosphère, Kar brancha le stabilisateur et
rejoignit Lal, qui avait déjà commencé à étudier les deux spécimens.

« Ce sont des vivipares, dit Lal. Cinq doigts, avec des mains conve-
80 nant à des travaux assez fins. Bien sûr, les mains comptent moins que
l'intelligence… »

Kar sortit d'un tiroir deux paires de casques et en tendit une à Lal, qui mit un des casques sur sa tête et l'autre sur celle d'un des spécimens. Kar en fit autant avec l'autre spécimen.

85   Au bout de quelques minutes, Kar et Lal échangèrent des regards déçus.

« Sept points en dessous du minimum, dit Kar. On ne pourrait même pas leur apprendre les tâches les plus rudimentaires de nos mines. Ils seraient incapables de comprendre les ordres les plus simples. Reste à les ramener pour le musée…

90   – Je détruis la planète ?

– Ça n'en vaut pas la peine. D'ici un petit million d'années, si notre race dure jusque-là, ces êtres seront suffisamment évolués pour être utilisables comme esclaves chez nous. Nous n'avons plus qu'à foncer vers la plus proche étoile possédant des planètes. »

***

95   Le secrétaire de rédaction du *Milwaukee Star* était dans la salle de composition, où l'on bouclait la page locale. Jenkins, le maquettiste, jaugeait[1] un espace vide dans la forme. « J'ai un trou au bas de la huitième colonne, dit-il, une dizaine de lignes avec le titre. Il y a deux sujets là, qui font la longueur. Lequel tu veux que je prenne ? »

100   Le secrétaire de rédaction jeta un coup d'œil sur les galées[2], il avait l'habitude de lire à l'envers sur le plomb. « Les comices agricoles et l'histoire du zoo ? Prends plutôt les comices agricoles. Ça intéresse qui, je te demande, de savoir que le directeur du zoo signale la disparition d'un couple de singes dans l'Île des Singes ? »

Traduction de Jean Sendy, © Éditions Denoël.

---

1. Évaluait.
2. En imprimerie, planche rectangulaire servant à la composition d'un texte.

Après-texte

POUR COMPRENDRE

Lire

J. Verne, « Au xxixe siècle » (p. 11-32)

1 Qui est Francis Benett ? Montrez sa puissance.

2 P. 13-15, l. 58-89, et p. 22-23 : qu'est devenu le monde en 2889 ? Montrez les changements géopolitiques du xxixe siècle.

3 Dressez la liste des innovations techniques proposées par Jules Verne. Lesquelles ont aujourd'hui été réalisées ?

R. Barjavel, *Ravage* (p. 33-37)

4 Pourquoi le xxie siècle constitue-t-il le « siècle Ier de l'Ère de la Raison » (p. 34, l. 36) ?

5 Quelles sont les inventions techniques évoquées dans ce début de roman ? René Barjavel était-il visionnaire ?

I. Asimov, « Ce qu'on s'amusait ! » (p. 38-42)

6 Quel « événement » (p. 38, l. 1) est évoqué au début de cette nouvelle ? Pourquoi les enfants sont-ils étonnés ?

7 Pourquoi Margie n'aime-t-elle pas l'école ?

8 Quelles différences existe-t-il entre l'école d'« [i]l y a des siècles » (p. 40, l. 61) et celle de Tommy et Margie ?

M. Ollivier, « La maison verte » (p. 43-45)

9 Que révèle la chute de cette nouvelle ? Quelle information montre une anomalie dans la description de cette société tournée vers le « bio » ?

10 Montrez que le monde décrit dans cette nouvelle est à la fois proche et éloigné du nôtre.

Écrire

11 Imaginez une description des villes et des habitants du xxie siècle par un journaliste du xviie siècle.

12 Une machine à explorer le temps vous projette en l'an 2889 : écrivez le récit de votre découverte, en insistant sur les innovations techniques et les progrès scientifiques.

13 « Comme les enfants devaient aimer l'école au bon vieux temps ! » (p. 42, l. 121-122) : êtes-vous d'accord avec cette exclamation de Margie ?

Chercher

14 Dans le texte de René Barjavel, il est question d'une voix lisant Goethe, Dante, Mistral et Céline « avec l'accent d'origine » (p. 37, l. 97). Recherchez qui sont ces écrivains et quels accents peuvent leur être associés.

15 Recherchez les origines de l'école et retracez rapidement les grandes lignes de son histoire.

Oral

Débats

16 Écrire une anticipation, n'est-ce pas courir le risque d'être rapidement démodé ?

17 Pourquoi peut-on dire que la nouvelle de Mikaël Ollivier invite le lecteur à la réflexion ?

Lecture

18 P. 37, l. 99-103 : recherchez un passage de l'un des textes évoqués (recette de cuisine, livre de mathématiques, ouvrage de philosophie, roman d'amour, épopée, conte pour enfants) et lisez-le en respectant les indications de ton fournies dans le texte de Barjavel.

POUR COMPRENDRE

À SAVOIR

PETITE HISTOIRE DE LA SCIENCE-FICTION

On considère généralement Jules Verne (*De la Terre à la Lune, Vingt mille lieues sous les mers, Voyage au centre de la Terre*, etc.) et H.G. Wells (*La Machine à explorer le Temps, La Guerre des mondes, L'Île du docteur Moreau*) comme les pères fondateurs de la science-fiction. Pourtant, d'autres avant eux avaient déjà mêlé la science à la fiction. Dès l'Antiquité, les écrivains ont cherché à explorer des mondes inconnus. Ainsi, Lucien de Samosate propose-t-il, au IIᵉ siècle avant Jésus-Christ, un voyage sur la Lune. Il sera imité, des années plus tard, par d'autres auteurs qui mêlent l'anticipation, l'utopie et les découvertes spatiales : Cyrano de Bergerac (*Histoire comique des États et Empires de la Lune*), Thomas More (*Utopia*), Jonathan Swift (*Les Voyages de Gulliver*), Voltaire (*Micromégas*), Louis-Sébastien Mercier (*L'An 2440*), etc. Au XIXᵉ siècle, Edgar Poe et Mary Shelley (*Frankenstein*) font figures de continuateurs, tout comme Villiers de l'Isle-Adam (*L'Ève future*). Le genre est alors aussi bien français qu'anglais. Au début du XXᵉ siècle, pourtant, alors que quelques auteurs poursuivent dans la voie du roman scientifique, un écrivain anglais, Hugo Gernsback, invente la science-fiction moderne avec son roman *Ralph 124C41+*.

Se développent alors les revues consacrées au genre comme *Amazing Stories*. Parallèlement, des collections spécialisées sont créées chez les éditeurs, encourageant un genre en pleine expansion (Fleuve noir, Présence du Futur) ; de nouveaux noms font alors leur apparition : Isaac Asimov, Ray Bradbury, Richard Matheson, Fredric Brown... Le genre est aujourd'hui particulièrement florissant, popularisé par le cinéma à effets spéciaux, la bande dessinée et les jeux vidéo.

Lire

B. Werber, « Le chant du papillon » (p. 47-58)

1 P. 47-49, l. 1-46 : par quels arguments Simon Katz, secrétaire général de la NASA, répond-il aux objections des deux officiers ?

2 De quelle manière Bernard Werber parvient-il à vaincre tous les obstacles techniques pour que l'aventure spatiale vers le Soleil soit vraisemblable ?

3 Que découvrent les Soleillonautes à la fin de leur expédition ?

R. Bradbury, « Celui qui attend » (p. 59-68)

4 Par quelle figure de style, répétée deux fois, commence le récit de Ray Bradbury ? Relevez-en d'autres exemples dans la suite du texte.

5 Comment comprenez-vous le titre de cette nouvelle ?

6 À quels personnages renvoie successivement le pronom « je » ?

J. Lewis, « Qui a copié ? » (p. 69-77)

7 Qu'apprend Jack Lewis dans la lettre du 2 avril 1952 ?

8 P. 74-75, l. 125-161 : quelle est l'hypothèse formulée par Jack Lewis pour comprendre ce qui se passe ? Quelle est la réaction de M. Doyle P. Gates ?

9 En quoi cet échange de lettres est-il particulièrement angoissant ? Pourquoi peut-on dire que l'identité entre l'auteur et le personnage renforce ce sentiment ?

F. Brown, « F.I.N. » (p. 78)

10 Quelle est l'originalité de cette nouvelle ? Expliquez.

Écrire

11 « Le départ eut lieu sous l'œil des caméras internationales. » (p. 50, l. 73) Écrivez l'article d'un journaliste français ayant assisté aux derniers préparatifs du voyage et au décollage de la navette spatiale.

12 À votre tour, racontez un voyage spatial et la rencontre avec un extraterrestre.

13 Transposez l'échange épistolaire de la nouvelle de Jack Lewis en un récit à la troisième personne.

Chercher

14 P. 49, l. 42 : qu'est-ce que le mythe d'Icare ?

15 Trouvez des noms formés du suffixe -naute et expliquez le sens de ce suffixe.

16 Le texte de Fredric Brown « F.I.N. » est un palindrome. Recherchez la définition de ce mot ainsi que plusieurs exemples.

Oral

Lecture

17 Choisissez un passage dialogué de la nouvelle « Celui qui attend » de Ray Bradbury et lisez-le à plusieurs voix.

18 Lisez à voix haute la nouvelle de Fredric Brown, « F.I.N. ».

À SAVOIR

LES DIFFÉRENTS GENRES DE LA SCIENCE-FICTION

La science-fiction est un genre aux multiples facettes, et il est diffi-cile de lui donner une définition précise et définitive. Selon Jacques Sadoul, elle est « une branche de la littérature de l'imaginaire qui propose une explication rationnelle des merveilles qu'elle décrit ». En cela, elle se sert de la science comme d'un alibi pour justifier ses inventions techniques et ses innovations technologiques. Appelée parfois « anticipation scientifique », la science-fiction ne répond pas toujours aux critères d'exploration du futur. On la distingue généralement de deux genres proches : le merveilleux (associé à un monde féérique) et le fantas-tique (qui présente l'irruption de l'irrationnel dans le quotidien).

Mais il existe des variantes de la science-fiction.

– La *fantasy* se situe à la croisée du fantastique et du merveilleux. Le maître du genre est J.R.R. Tolkien qui, avec *Le Seigneur des anneaux*, mêle le mythe, l'histoire et le conte en créant un monde ancien merveilleux fait d'elfes, de fées et d'autres êtres surnaturels.

– Le *space opera* explore les guerres intergalactiques, les voyages spatiaux et la vie sur d'autres planètes. Le genre est particulièrement florissant au cinéma (*Alien*, *Galactica*, *Star Trek*, *Star Wars*, etc.).

– Le *steampunk* se rapporte au rétrofuturisme et développe les thèmes de l'uchronie (qui revisite, dans une histoire alternative, l'Histoire telle qu'elle aurait pu être), du voyage dans le temps et des univers parallèles. Le genre n'hésite pas à faire se croiser des héros pris dans différentes époques (*La Ligue des gentlemen extraordinaires* d'Alan Moore et Kevin O'Neill).

– Le *cyberpunk* décrit un monde urbain, souvent post-apocalyptique, dominé par le virtuel et les technologies informatiques très avancées, très proche de la dystopie qui invente une société cauchemardesque où l'homme est soumis à des régimes totalitaires aliénants (voir p. 151).

POUR COMPRENDRE

Lire

M. Shelley, *Frankenstein ou le Prométhée moderne* (p. 79-81)

1 Montrez que l'atmosphère du récit est propice à l'émergence d'un monstre.

2 Relevez les éléments de description de la créature de Frankenstein.

3 Pourquoi le docteur Frankenstein déclare-t-il au sujet des yeux de sa créature : « si l'on peut leur donner ce nom » (p. 81, l. 41) ?

4 Relevez, dans l'ensemble du texte, les groupes nominaux permettant de désigner la « créature » (l. 7).

I. Asimov, « Première loi » (p. 82-86)

5 Quelles indications spatiales et temporelles sont données par le texte ?

6 Pourquoi les robots des modèles « M A » ont-ils été créés ?

7 Qu'est-ce qui explique que ces modèles aient été très vite retirés des chaînes de fabrication ?

J. Sternberg, « La perfection » (p. 87)

8 Trouvez, dans le texte, de quoi justifier la « perfection » du robot évoquée par le titre de la nouvelle de Jacques Sternberg.

9 Relevez et classez tous les adverbes de cette nouvelle.

B. Werber, « Les androïdes se cachent pour mourir » (p. 88-92)

10 Quels actes racistes dirigés contre les androïdes sont cités dans ce texte ?

11 Qu'est-ce qui a transformé Franckie ? Qu'est-ce qui est amusant dans sa réplique lignes 39-40 (p. 89) ?

12 Qui sont les opposants à l'intégration des androïdes ? Quels sont leurs arguments ?

Écrire

13 Récrivez les lignes 52 à 56 (p. 81) de l'extrait de *Frankenstein*, en remplaçant « ce monstre » par « cette monstruosité » et en effectuant toutes les modifications nécessaires.

14 « Je dormis bien un peu, mais en proie à des rêves terrifiants. » (p. 80, l. 35-36) Racontez l'un des cauchemars de Frankenstein.

15 Imaginez un débat télévisé dans lequel un androïde débat contre un « anti-robot » : exposez leurs arguments.

Chercher

16 Expliquez le titre du roman de Mary Shelley en cherchant qui est Prométhée.

17 Recherchez qui est Dante et expliquez l'allusion dans l'extrait de *Frankenstein* (p. 81, l. 55).

18 Recherchez les trois lois de la robotique, ainsi que la « loi zéro » d'Asimov.

Oral

Exposé

19 Présentez à la classe le résumé d'un film sur les robots (*I Robot*, *Wall-e*, *Metropolis*, *Robocop*, *Chappie*, *Le Géant de fer*, *Ex Machina*, etc.), ainsi que la description de ce robot ou de cet androïde.

Lecture

20 Lisez à plusieurs voix l'extrait du texte de Bernard Werber (p. 91-92, l. 85-107).

À SAVOIR

LA NOUVELLE ET SES CARACTÉRISTIQUES

La nouvelle est un texte narratif bref. En France, elle apparaît au Moyen Âge, à travers ses proches ancêtres : les contes, les fabliaux ou les lais. Après un premier développement à la Renaissance (Marguerite de Navarre, *L'Heptaméron*), la nouvelle connaît un essor important au XIXe siècle, s'étendant à toute l'Europe.

Les principaux nouvellistes français du XIXe siècle sont Honoré de Balzac, Guy de Maupassant, Gustave Flaubert, Émile Zola ou encore Prosper Mérimée. Ils exploitent indifféremment deux principales veines : la nouvelle réaliste (appelée parfois conte) et la nouvelle fantastique. À partir du XXe siècle, le genre s'étend à la littérature policière et à la science-fiction.

En tant que texte narratif court, la nouvelle est nécessairement centrée sur un nombre restreint de personnages, dont on développe assez peu le portrait physique et psychologique. L'intrigue, elle aussi, est limitée à une action principale. La nouvelle, comme toute autre narration, est menée par un narrateur selon un certain point de vue (interne, externe, omniscient). Elle peut suivre ou non l'ordre chronologique et se sert des variations de rythme du récit, privilégiant les accélérations (sommaire, ellipse).

D'autres formes de discours la complètent comme la description (souvent brève), l'explication ou l'argumentation.

L'un des traits caractéristiques majeurs de la nouvelle réside dans sa fin souvent brutale et inattendue, appelée « chute », et qui permet au lecteur, surpris, de réinterpréter l'histoire à la lumière de cette fin surprenante.

Lire

G. Orwell, *1984* (p. 93-100)

1 Qu'est devenu le monde en 1984, selon George Orwell ?

2 À quoi sert un « télécran » (p. 94, l. 29) ? Quels autres indices montrent que la liberté individuelle est abolie ?

3 Quel est le projet de Winston Smith ? Quels risques court-il ?

R. Bradbury, « L'éclat du phénix » (p. 101-112)

4 Que vient faire Jonathan Barnes à la bibliothèque ?

5 P. 102-103, l. 42-60 : comment Tom définit-il le rôle d'une bibliothèque ?

6 P. 105, l. 105-111 : quelle métaphore est utilisée pour évoquer les livres ? Trouvez une métaphore équivalente dans la suite du texte.

7 Expliquez l'attitude calme de Tom face à la destruction de sa bibliothèque.

8 « Mais je me bats », dit Tom (p. 108, l. 181). De quelle manière lutte-t-il contre Barnes et ses projets destructeurs ?

9 Expliquez le titre de cette nouvelle.

B. Werber, « Le maître de cinéma » (p. 113-118)

10 Quelles « mesures draconiennes » (p. 114, l. 36-37) les dirigeants des grandes nations prennent-ils ?

Quelles raisons avancent-ils pour justifier leurs décisions ?

11 P. 116, l. 93-94 : expliquez l'accord des participes passés dans cette phrase.

12 Quelles sont les conséquences concrètes de « l'arrêt de l'enseignement du passé » ?

A. Huxley, *Le Meilleur des mondes* (p. 119-124)

13 Résumez l'expérience à laquelle les étudiants assistent. Quel est son double objectif ?

Écrire

14 En rentrant chez lui, Jonathan Barnes rencontre trois autres passants : Baudelaire, Voltaire et Molière. Imaginez le dialogue entre eux et Barnes : ils parleront uniquement par citations tandis que Barnes, furieux, cherchera à les faire taire en les menaçant.

15 Imagineriez-vous un monde sans référence au passé ? Vous présenterez votre réponse argumentée de manière organisée.

16 Un « nostalgique » (p. 117, l. 123) écrit une lettre à son Passé (« Cher Passé,... »). Quels souvenirs historiques, quelles œuvres d'art, quels personnages regrette-t-il ?

Chercher

17 Qu'est-ce qu'un autodafé (p. 106, l. 134) ? Recherchez des exemples d'autodafés dans la littérature et dans l'histoire.

18 P. 105-112 : recherchez les références des phrases citées en italique.

19 P. 107-112 : qui sont Keats (l. 153), Platon (l. 158), Einstein (l. 193), Shakespeare (l. 194), Lincoln (l. 214), Poe (l. 223), Freud (l. 224), Isaïe (l. 289) et Socrate (l. 290) ?

Oral

Débat

20 Les livres sont-ils dangereux, comme l'affirme Barnes (p. 103, l. 66) ?

Lecture

21 P. 105-108, l. 116-195 : lisez à voix haute et à plusieurs cet extrait de la nouvelle de Ray Bradbury. Vous veillerez à respecter les différentes intentions.

LA DYSTOPIE

Le mot « dystopie » (du grec -*dys*, « mauvais, néfaste », et *topos*, « le lieu ») désigne une contre-utopie, c'est-à-dire une société idéale à l'envers.

L'utopie présente un lieu fictif organisé pour le bonheur de ses habitants. C'est le cas de l'Eldorado (dans *Candide* de Voltaire) ou de l'*Utopia* de Thomas More, qui a forgé le mot. Au contraire, la dystopie présente une société dont le projet politique se veut parfait, mais entraîne le malheur de ses membres. En tant qu'anticipation sociale et politique s'appuyant sur des aspects scientifiques et technologiques (on pense au « télécran » de *1984* ou aux innovations de Barjavel ou d'Aldous Huxley), la dystopie se rapproche de la science-fiction, dont elle constitue un sous-genre. Souvent, dans un monde plus ou moins futuriste, la dystopie développe le thème des sociétés totalitaires et des privations de libertés humaines. Dans cette anti-utopie, le réalisme et le vraisemblable l'emportent sur le fantastique, qui n'est jamais présent. Parmi les dystopies célèbres, on compte *Fahrenheit 451* de Ray Bradbury, *Le Meilleur des mondes* d'Aldous Huxley, *1984* de George Orwell, mais aussi des œuvres plus récentes comme *Soumission* de Michel Houellebecq ou *2084* de Boualem Sansal. Enfin, *The Hunger Games* de Suzanne Collins ou encore *Divergent* de Veronica Roth ont introduit le genre dans la littérature pour la jeunesse.

Lire

J.-H. Rosny Aîné, *La Mort de la terre* (p. 125-128)

1 P. 125, l. 1-10 : pourquoi les hommes ne croyaient-ils pas à la prédiction des savants qui affirmaient que « l'Humanité périra[it] par la sécheresse » ? L'avertissement est-il toujours valable pour le lecteur d'aujourd'hui ?

2 Quelles transformations notre monde a-t-il subies « depuis cinq cents siècles » ?

3 Quel danger présente pour l'homme le règne des ferromagnétaux ?

C. Farrère, « Fin de planète » (p. 129-133)

4 À quel moment de l'histoire universelle se situe l'extinction de la planète Vingt-Huit ?

5 Montrez que la planète Vingt-Huit présente de fortes similitudes avec la planète Terre.

6 Expliquez pourquoi et comment Havildar fait disparaître la planète Vingt-Huit.

R. Matheson, « Cycle de survie » (p. 134-138)

7 À quoi correspondent les lignes 1 à 11 ? Justifiez votre réponse en citant un élément de la suite de la nouvelle.

8 Quelle expression revient fréquemment dans la nouvelle ? Que révèle-t-elle sur le nombre exact de personnages dans cette histoire ? Relevez, à la fin de la nouvelle, un indice justifiant votre réponse.

9 P. 138, l. 101-102 : expliquez pourquoi il n'y a qu'un exemplaire de la nouvelle de Shaggley et pourquoi le vendeur de journaux est absent.

10 Montrez que le personnage évolue dans un monde post-apocalyptique.

11 Expliquez le titre : « Cycle de survie ».

F. Brown, « Pas encore la fin » (p. 139-142)

12 Comment les extraterrestres sont-ils décrits dans cette nouvelle ?

13 Que cherchent-ils sur Terre ?

14 Pourquoi sont-ils déçus ?

15 Quelle information finale permet de comprendre le titre de la nouvelle ?

Écrire

16 Un humain, affolé par la prolifération des ferromagnétaux, décide d'alerter les populations face à ce grand danger. Écrivez le discours qu'il adressera aux autres hommes.

17 Comme Richard Allen Shaggley dans la nouvelle de Richard Matheson (p. 134-138), vous vous trouvez l'unique survivant d'une planète détruite : imaginez votre quotidien.

Chercher

18 Qu'est-ce que l'Apocalypse ?

19 Recherchez un résumé du livre de Richard Matheson *Je suis une légende*. Regardez la bande-annonce du film de Francis Lawrence (2007) et établissez un rapprochement avec « Cycle de survie ».

Oral

Exposé

20 Présentez à la classe un exposé sur l'un des auteurs du corpus : J.-H. Rosny Aîné, Claude Farrère, Richard Matheson ou Fredric Brown. Vous évoquerez leur existence et leurs principales œuvres.

POINT DE VUE, CHRONOLOGIE ET RYTHME DU RÉCIT

Un récit, qu'il soit issu d'un roman ou d'une nouvelle, est mené par un narrateur. C'est lui, par le regard qu'il pose sur l'histoire, qui permet au lecteur d'être plus ou moins informé sur les actions, les décors, les pensées et les émotions des personnages. Dans les récits de science-fiction, le point de vue adopté par le narrateur est essentiel, celui-ci pouvant conserver le mystère jusqu'à la fin de l'histoire ou choisir de donner au lecteur l'impression qu'il délivre toutes les informations dont il a connaissance. Il existe trois points de vue : externe (le narrateur, extérieur à l'histoire, se contente de consigner les actions et les dialogues), interne (tout est perçu à travers un personnage-narrateur) et omniscient (le narrateur, souvent extérieur à l'histoire, sait tout d'elle et de ses personnages).

Un récit peut suivre l'ordre chronologique ou bien utiliser les retours en arrière et les anticipations afin de créer des effets d'attente ou d'intégrer des passages explicatifs. Ainsi, dans « Fin de planète », Claude Farrère mêle les temporalités : celle de l'époque où la planète Vingt-Huit a explosé et celle où le narrateur raconte l'évènement.

Enfin, la narration peut jouer sur des effets de rythme : l'ellipse (un saut dans le temps) ou le sommaire (un résumé des actions) permettent d'accélérer le rythme du récit, tandis que les passages descriptifs, les commentaires (appelés des « pauses ») ou bien les parties dialoguées (les « scènes ») ralentissent le récit ou renforcent l'implication du lecteur.

Lire

1 De quelle manière les textes de Jules Verne (p. 11-32) et de René Barjavel (p. 33-37) se complètent-ils et se répondent-ils ?

2 Parmi les quatre exemples de sociétés présentés dans les textes de Jules Verne, René Barjavel, Isaac Asimov et Mikaël Ollivier (p. 11-45), quel est celui qui vous plaît le plus ? Pourquoi ?

3 Dans les trois premières anticipations (p. 11-42), quelle est la place du livre et de la lecture ?

4 Observez les textes du chapitre intitulé « Voyages dans l'espace et dans le temps » (p. 47-78). Quels pronoms sont utilisés pour la narration ? Qu'apportent ces choix aux récits ?

5 De quelle manière les textes de Jack Lewis (« Qui a copié ? », p. 69-77) et de Fredric Brown (« F.I.N. », p. 78) proposent-ils un voyage dans le temps ?

6 Quel point commun voyez-vous entre la nouvelle d'Isaac Asimov, « Première loi » (p. 82-86) et celle de Jacques Sternberg, « La Perfection » (p. 87) ?

7 Montrez que les récits de George Orwell, Ray Bradbury, Bernard Werber et Aldous Huxley (p. 93-124) s'inscrivent dans une dénonciation des totalitarismes.

8 En quoi le langage est-il au centre des préoccupations de George Orwell et de Ray Bradbury pour présenter des mondes totalitaires ?

9 Quel monde totalitaire, parmi ceux proposés aux pages 93 à 124, vous semble le plus effrayant ? Pourquoi ?

10 Montrez que le texte de Claude Farrère, « Fin de planète » (p. 129-133), résonne avec plusieurs des textes du recueil.

11 Classez les quatre textes de la partie « Fins du monde » selon les critères que vous estimerez les plus pertinents.

Écrire

12 « Les hommes de ce xxixe siècle vivent au milieu d'une féérie continuelle, sans avoir l'air de s'en douter. » (p. 11, l. 1-2) : ne pensez-vous pas que cette remarque pourrait s'adresser aux hommes du xxie siècle ?

13 Les voyages dans l'espace vous font-ils rêver ? Pourquoi ?

14 Imaginez et écrivez un voyage dans le temps. Votre narrateur, par une innovation technique que vous inventerez, se retrouve au même endroit, mais dans le passé ou dans le futur. Il raconte son expérience.

15 Inventez une histoire dont le personnage principal sera une créature, un robot ou un androïde.

16 « *Plus jamais ça.* » (p. 113, l. 1) : selon vous, les anticipations mettant en scène des sociétés totalitaires sont-elles un moyen de les éviter ? Vous rédigerez une réponse argumentée et organisée.

17 Et si les extraterrestres du texte de Fredric Brown décidaient finalement de détruire la planète Terre ? Racontez.

Chercher

18 Connaissez-vous d'autres textes ou des films traitant de voyages dans l'espace ?

19 Recherchez différentes représentations d'extraterrestres. Qu'est-ce qui les rapproche ? Qu'est-ce qui les différencie ?

20 Lisez « Matin brun » de Franck Pavloff : résumez cette nouvelle et expliquez à quelle dictature les personnages sont soumis.

Oral

Débats

21 Parmi les inventions et innovations techniques présentes dans les textes de Jules Verne, de René Barjavel ou d'Isaac Asimov (p. 11-42), laquelle préférez-vous ? Pourquoi ?

22 Parmi tous les textes du recueil, lequel avez-vous préféré ? Pourquoi ?

À SAVOIR

RÉDIGER UN TEXTE ARGUMENTATIF

Répondre à une question de synthèse, donner son avis, débattre d'un sujet par écrit nécessitent de maîtriser la rédaction d'un texte argumentatif, qui sert à présenter des arguments (des preuves, des raisons) dans le but de défendre une opinion (la thèse). Affirmer que l'on a aimé un livre est une opinion (une thèse), mais elle n'a de valeur que si elle est étayée par de solides raisons (les arguments). Ainsi, on peut avoir aimé un livre parce qu'il mettait en scène des personnages qui nous ont touchés (argument 1) ou parce qu'il est écrit dans un style qui nous a plu (argument 2). Les arguments sont accompagnés d'exemples permettant de les rendre plus concrètement compréhensibles (une citation du texte, par exemple).

Le raisonnement a besoin d'une organisation logique, structurée en paragraphes : il est donc nécessaire de maîtriser les enchaînements logiques au sein des phrases (les connecteurs de cause, de conséquence, d'opposition, etc.), aussi bien que les enchaînements de paragraphes (*d'abord, ensuite, enfin*).

INTERVIEW EXCLUSIVE
DE BERNARD WERBER

Pour la collection « Classiques & Contemporains », Bernard Werber a accepté de répondre aux questions de Stéphane Maltère, professeur de Lettres et auteur du présent appareil pédagogique.

Stéphane Maltère : Comment définiriez-vous cette branche de la littérature de l'imaginaire qu'est la science-fiction ?

Bernard Werber : L'homme a toujours voulu savoir ce qu'il y avait au-delà du ciel et au-delà des limites du monde connu. Si l'on devait chercher les origines de cette littérature, il faudrait remonter à Lucien de Samosate, auteur romain né en l'an 120 après J.-C., qui déjà, à son époque, décrivait dans *Histoire véritable* un extraordinaire voyage dans l'espace. La science-fiction est la littérature du futur. Elle n'a pas de limite ; elle permet donc d'aller plus loin que toutes les autres formes de récits.

S. M. : Vous qualifieriez-vous d'auteur de science-fiction ?

B. W. : J'ai été nourri de science-fiction et la science-fiction m'a appris énormément. Cependant, dans mes livres, il n'y a aucun des repères habituels de la science-fiction : vaisseaux spatiaux, rayons lasers, extraterrestres verts avec des antennes, machine magique pour remonter le temps ou planètes avec des royaumes hostiles. Mon domaine est plutôt celui de la prospective. Je prends une information scientifique peu connue (comme, par exemple, la vraie communication olfactive avec les fourmis, ou la parenté avec les porcs pour *Le Père de nos pères*, ou le mécanisme du rire pour *Le Rire du Cyclope*) et j'essaie de montrer en quoi cela peut changer notre vision du monde. Pour moi, la vraie science-fiction ne réside pas dans l'amélioration des technologies, mais dans le changement des mentalités. Mes livres posent des questions anciennes qui sont censées trouver de nouvelles réponses. C'est pourquoi je préfère le terme de « philosophie-fiction ».

S. M. : Quels sont vos premiers souvenirs de lecteur de science-fiction ?

B. W. : Les *Histoires extraordinaires* d'Edgar Allan Poe m'ont permis de comprendre qu'un bon récit est d'abord une sorte de jeu où l'on lance un défi à l'esprit du lecteur. Le lecteur doit changer de vision pour comprendre.

S. M. : Quels récits de science-fiction vous ont le plus marqué ? Quels auteurs de science-fiction sont pour vous incontournables ?

B. W. : Pour moi, Isaac Asimov, avec son *Cycle de Fondation*, est un excellent moyen de comprendre la politique. Frank Herbert, avec son *Cycle de Dune*, permet de saisir la complexité des enjeux autour de la religion et de l'écologie. Philip K. Dick est la meilleure initiation à la philosophie et à la psychiatrie.

S. M. : Comment en êtes-vous arrivé à écrire des récits de science-fiction, ou de « philosophie-fiction » ?

B. W. : Ma première nouvelle était *Histoire d'une puce*, que j'ai rédigée alors que j'étais âgé de 8 ans, pour une rédaction libre à l'école. Cette histoire ayant remporté un certain succès dans ma classe et parmi les professeurs, j'ai ensuite continué à essayer de parler de l'homme au travers de points de vue non humains. Après les puces, je suis naturellement passé, à 16 ans, à l'écriture du point de vue des fourmis. Celles-ci avaient l'avantage sur les puces de vivre en société et de construire de grandes villes. Tous mes livres parlent de la place de l'homme dans la nature et de son évolution dans l'histoire, en utilisant des points de vues exotiques (dans *Le Cycle des dieux*, par exemple, c'est le point de vue des dieux de l'Olympe ; dans *L'Ami silencieux*, c'est le point de vue d'un vieil arbre).

S. M. : Quelles qualités de romancier ou de nouvelliste faut-il pour être un bon auteur de science-fiction ?

B. W. : Je pense que pour faire un bon auteur de science-fiction, il faut déjà être capable de ne pas être dépassé par la liberté vertigineuse qu'offre cette littérature. Précisément parce que tout est possible, il faut établir une documentation scientifique sérieuse et être très rigoureux pour ne pas trop « délirer » et se laisser emporter par son récit.

S. M. : Le roman est-il le meilleur moyen d'écrire les « Progrès et rêves scientifiques » ?

B. W. : La science-fiction présente en effet cet avantage d'autoriser toutes les audaces scientifiques qui ne sont pas encore réalisées dans les laboratoires. D'ailleurs, beaucoup de scientifiques utilisent les récits de science-fiction pour s'inspirer ! Steve Jobs a ainsi révélé qu'il a eu l'idée de l'iPhone en s'inspirant des téléphones de la série de science-fiction *Star Trek*.

S. M. : Quelles sont les difficultés ou les limites liées, selon vous, au genre de la science-fiction ?

B. W. : Un bon roman de science-fiction doit être un roman qui donne à réfléchir. Pour cela, il ne doit pas être trop irréaliste et il doit avoir une structure de récit vraisemblable. Plus on introduit dans le roman des éléments réels, plus l'impact sera fort.

S. M. : Pouvez-vous nous parler du projet *L'Arbre des possibles*, que vous avez initié en 2002 ?

B. W. : En 2002, je publiais un roman, *L'Arbre des possibles*, qui contenait une nouvelle dans laquelle j'imaginais que l'on pouvait prévoir tous les futurs possibles en les posant comme des feuilles sur l'arbre du futur et en observant leur probabilité. Suite à ce récit, j'ai créé un site (www.arbredespossibles.com), où je propose à tous ceux qui le veulent d'imaginer l'avenir et d'en faire un court texte, que j'introduis comme une feuille qu'ils peuvent poser sur les branches de l'arbre du site. Ensuite, le webmaster les organise en idées de futur pour le court, le moyen ou le long terme. Actuellement, le site a 3 millions de visiteurs et 10 000 scénarios inscrits dans l'arbre ! Plus de 60 % sont optimistes. Normalement, ce qui nous arrivera dans le futur doit se trouver inscrit quelque part sur l'une de ces feuilles…

BIBLIOGRAPHIE

• Autres nouvelles de science-fiction
- Ray Bradbury, *Chroniques martiennes*, « Folio SF », Gallimard, 2002.
- Philip K. Dick, *Minority Report*, « Folio SF », Gallimard, 2002.
- A. E. Van Vogt, *L'Horloge temporelle*, J'ai lu, 2001.

• Romans de science-fiction
- Isaac Asimov, *Le Cycle des robots* (6 volumes), « J'ai lu Science-Fiction », 2001.
- René Barjavel, *La Nuit des temps*, Pocket, 2012 ; *Le Voyageur imprudent*, « Folio », Gallimard, 1973.
- Ray Bradbury, *Fahrenheit 451*, « Folio SF », Gallimard, 2000.
- Fredric Brown, *L'Univers en folie*, « Folio SF », Gallimard, 2002 ; *Martiens, go home !*, « Folio SF », Gallimard, 2000.
- Philip K. Dick, *Ubik*, 10/18, 1999 ; *Blade Runner*, Le Livre de Poche, 2014.
- Christian Grenier, *Virus L.I.V. 3 ou La Mort des livres*, Le livre de Poche Jeunesse, 2014.
- Richard Matheson, *Je suis une légende*, « Folio SF », Gallimard, 2001.
- Robert Louis Stevenson, *Le Cas étrange du Dr Jekyll*, Librio, 2014.
- H. G. Wells, *La Guerre des mondes*, « Folioplus classiques », Gallimard, 2007.
- Stefan Wul, *Niourk*, Fleuve noir, 1957.

• Anthologies
- *La Grande Anthologie de la science-fiction*, 42 volumes, Le Livre de Poche, 1966-2005.
- Jacques Sadoul, *Anthologie de la littérature de science-fiction*, Éditions Ramsay, 1981 ; *Une histoire de la science-fiction*, 5 volumes, Librio, 2000-2001.
- *L'Homme qui n'oubliait jamais et autres récits sur l'homme*, 1982.
- *La lune était verte et autres récits de fin du monde*, Gallimard, 1983.
- *L'Or des rayons*, Andromède, 1988.
- Antonia Gasquez, Édith Heintzmann, *La science-fiction, 13 nouvelles*, Nathan, 1992.

SITES INTERNET
- Site officiel de Bernard Werber : www.bernardwerber.com
- Projet imaginé par Bernard Werber pour rechercher et imaginer les futurs possibles de l'humanité : www.arbredespossibles.com
- www.actusf.com
- www.noosfere.org
- www.cafardcosmique.com
- www.quarante-deux.org

Couverture
Conception graphique : Marie-Astrid Bailly-Maître et Yannick Le Bourg
Illustration : Antoine Moreau-Dusault
Photographie de Bernard Werber : © Photo Denis Félix 2016

Intérieur
Conception graphique : Marie-Astrid Bailly-Maître
Édition : Charlotte Cordonnier
Réalisation : Nord Compo, Villeneuve-d'Ascq
Photographie de Bernard Werber : © Photo Denis Félix 2016

© **Éditions Magnard, 2016, pour la préface, les notes,**
les questions, l'appareil pédagogique et l'interview exclusive.

www.magnard.fr
www.classiquesetcontemporains.com

Achevé d'imprimer en avril 2016
par «La Tipografica Varese Srl» en Italie
Nº éditeur : 2016-0068
Dépôt légal : avril 2016

Certifié PEFC

Ce produit est issu
de forêts gérées
durablement et de
sources contrôlées

PEFC/18-31-264   www.pefc-france.org